幽默感

成为更受欢迎的人

李新 / 著

中信出版集团 | 北京

图书在版编目（CIP）数据

幽默感：成为更受欢迎的人 / 李新著. -- 北京：中信出版社，2020.4（2025.8重印）

ISBN 978-7-5217-1391-6

Ⅰ.①幽… Ⅱ.①李… Ⅲ.①幽默（美学）－通俗读物 Ⅳ.① B83-49

中国版本图书馆 CIP 数据核字（2020）第 007666 号

幽默感——成为更受欢迎的人
著者： 李新
出版发行：中信出版集团股份有限公司
（北京市朝阳区东三环北路 27 号嘉铭中心　邮编　100020）
承印者： 北京盛通印刷股份有限公司

开本：880mm×1230mm 1/32　印张：10.5　字数：137 千字
版次：2020 年 4 月第 1 版　印次：2025 年 8 月第 30 次印刷
书号：ISBN 978-7-5217-1391-6
定价：59.00 元

版权所有·侵权必究
如有印刷、装订问题，本公司负责调换。
服务热线：400-600-8099
投稿邮箱：author@citicpub.com

目 录

推荐序 1　幽默是生活的灵药 / 梁宁 …… VII
推荐序 2　幽默感是人格的一部分 / 王雪纯 …… XV
自　　序　愿你总能看到生活的明亮面 …… XIX

1 重新认识幽默

什么是幽默 …… 003
人类到底为什么会发笑 …… 009
幽默的四个思维方式 …… 020
幽默是有段位的 …… 028
你真的与幽默无缘吗 …… 034

2 搞笑有套路，段子有公式

段子是幽默最基础的表现形式 …… 043
段子的基本公式 …… 047
连接词和误导转向 …… 052
训练误导思维 …… 057

3 自嘲是你的铠甲

自嘲就是要讲自己的失败 …… 069
自嘲第一步：建立不易崩塌的人设 …… 074
自嘲的技巧和方法 …… 079
脱敏训练，强大你的内心 …… 083

4 要想吐槽，你要先了解人性

所有吐槽都是一种情绪释放 …… 097
从"被压抑"的人性中找槽点 …… 102
吐槽的技巧和方法 …… 107
练习表达自己的攻击性 …… 112

5 好的幽默来自对生活的洞见

幽默需要洞见真相 …… 121
洞见需要独特的视角 …… 125
洞见需要深入思考 …… 129
形成洞见的方法 …… 134

幽默工具箱

① 答非所问 ……144
② 避重就轻 ……146
③ 重新定义 ……148
④ 先躺枪再甩锅 ……150
⑤ 声东击西 151
⑥ 谐音梗 ……152
⑦ 用暗示留白 ……154
⑧ 三段式 ……155
⑨ 头韵和尾韵 ……158
⑩ 词语叠用 ……160
⑪ 化用典故 ……163
⑫ 词语拆分 ……164
⑬ 故意口误 ……166
⑭ 先扬后抑或者先抑后扬 ……168
⑮ 亦正亦邪 ……170

6 人生处处需要幽默

自我介绍：将寻常名字设计出彩 …… 173
怎样幽默地介绍别人 …… 179
即兴发言的四个秘密 …… 183
员工篇：怎样在职场中应用幽默 …… 192
领导篇：用幽默拉近与下属的距离 …… 198
普通人也能在聚会中成为焦点 …… 210

7 巧妙化解生活中的尴尬场景

先承认，再化解 …… 219
把别人的球踢回去 …… 227
重点偏移，故意答非所问 …… 231
创造一套新逻辑 …… 235
指出"屋子里的大象" …… 239
破解尬聊，故意说假话救场 …… 242
有情绪，先幽默回应情绪 …… 244

8 不懂幽默怎么讲故事

好故事要够"悲情" ······ 251
万万没想到：反转是引人入胜的王道 ······ 256
学会跳进跳出，三个视点让平淡的故事变精彩 ······ 266
把你的情绪加到故事里 ······ 270

9 幽默的雷区

老梗重提，讲别人的段子 ······ 281
提升听众预期 ······ 284
画蛇添足，踩在自己的笑点上 ······ 288
不注意幽默的底线 ······ 290
胡编乱造，为了幽默而幽默 ······ 294
把讲笑话当成个人秀 ······ 298
讲段子时，自己忍不住笑 ······ 300

后 记 刻意练习，你也能成为"搞笑高手" ······ 305

推荐序1

幽默是生活的灵药

梁宁
著名产品人

从小学到高中毕业，我上了几千堂语文课，没有一课讲"幽默"。

再想一下，从小学到大学毕业，我上了一万多节课，没有一个老师讲过如何处理"冲突"。

这是我 2018 年的夏天第一次和李新见面，和她喝完一杯咖啡之后，心里默默生出的感慨。

身为一个学计算机的工科女，我处事长期以来只有一种方式，就是"正面硬刚"。日常说话使用最高频的词，全是否定词："不是""这个不行""不对""我不这么认为"。这当然会让人不开心，所以我极力避免社交，只在工作场合与人相见，并且形成了自洽，就是我的价值是能把事做成，而不是让人高兴。

其实，我知道这种生硬的方式早已成为我的瓶颈，但是不知道如何改变。

和李新见面,我问她:"你为什么要研究喜剧?"

李新说的第一句话,就击中了我。她说:"喜剧是研究失败的艺术。"

我一下愣了。

马云曾说过他创办的湖畔大学和其他大学最大的不同在于,这是一所研究失败的大学。这个提法,让湖畔标新立异,同时操作起来也有困难。我观察到的状况是,一个人只有在他感到非常安全的氛围里,才可能一点点敞开,开始谈自己的挫折感和失败。

在我们过去的感知里,失败是羞耻,是噩梦,是召唤出无力感的痛苦体验;失败是需要用很大的力量来对抗的黑暗面;失败是一个人只有彻底走出来,强大了无数倍之后,才能比较坦然地谈起的东西。什么时候,失败成了喜剧?

李新说,你回想一下,你看喜剧哈哈大笑的时候,是不是因为主角倒霉了、出丑了、搞砸了?

我好像就是在那一瞬间被点亮了。原来,我把自己活成了一连串喜剧啊!哈哈!

于是我立刻申请,如果李新开线下课,我一定要去学习。

非常有幸,2019 年的 11 月,我参加了李新的线下课。三天的课程,就是按照本书的理论、方法和练习来安排的。这是我 2019 年上过的最有价值的课程。课程闪光点实在太多,简直像盛夏的冰雹一样密集。

这里我只讲我们课上做过的三个练习，分别是第一天、第二天、第三天的练习。

第一天，我们做了"Yes，and"练习。

"Yes，and"是即兴喜剧最核心的一个理念，就是不管你的伙伴和你说什么，你都要先说"Yes"，然后再添加一个信息"and"。用中文说就是，不论对方说什么，都要先说"好啊好啊"认可对方，再给出建设性的信息。

对于张嘴的第一反应永远是"不"的我来说，这不是要我的命吗？！

陪我练习的伙伴一张嘴就说了一个特别的提议："咱俩一起出家吧？"我看着她，张大嘴巴："啊？"得，人家抛的梗，就这么摔地上了。这就叫作没有幽默感啊！

那一天的练习，我努力控制自己不去说"不"，笨拙地去接伙伴抛过来的梗，从艰难地压下想说"不"的本能反应，到开始有点捕捉到伙伴匪夷所思的提议中的有趣之处。

比如，伙伴说："来，我把这个瓜子皮送给你。"这要是平时我肯定火了，会有被冒犯的恼怒，但被李新训练之后，我可以说："好啊好啊，正好送给李新剔牙。"

那一天，我有一个顿悟：这次课程我来对了，"幽默感"的训练拯救了我的人际关系。

我非常害怕冲突,所以努力不和人交往。但事实上,把"不"作为口头禅的我,往往是冲突的发起者。

冲突是什么?其实冲突的本质是"利益不一致"。

再往深想,在这个世界上,有没有一个人和你利益完全一致?深入一想,你就会发现一个都没有,即使是你的老师、父母、爱人、子女,也有与你利益不一致的部分。

所以,我们的每个人际连接都有冲突。冲突无所不在。

这么显而易见的真相,我却从来都选择忽视,甚至老是一惊一乍地对待不符合我预期的部分。我说"不"的时候,是对我自己意愿的完整性的保护,但同时也拒绝甚至伤害了同伴的意愿和创造力。也可以说,说"不"虽然保护了我的利益,但排斥了对方与我不一致的那部分利益,所以对方也会排斥我,而我就更加不愿意与人合作,宁可一个人做完所有的工作。

生活就像一场永不落幕的即兴戏剧。说"不",一切能量流动就停止了。而"Yes,and"是要先学会接受,接受对方在流动的能量,接受与自己利益不一致的部分,然后添加信息,把自己的能量添加上去,让流动继续。

这就是一个组织协同共创的奥义。

想到这一点,我觉得此行我的收获已经值回票价,但我没想到,李新的幽默课对我的拯救才刚刚开始。

第二天,我们又做了另外一个震撼灵魂的训练:脱敏训练。

这个训练在本书有专门的章节介绍，建议你一定要做一次，并且拉着你最好的朋友、你最关心的人一起做。

我们在现场做的是本书三项脱敏训练中的第一项：弱点清单。方式是关掉灯，两个伙伴一对一，找一个舒服的地方，一个人开始对另外一个人坦承自己所有的弱点——我哪里不行。

哇！刚开始说的时候我觉得无法启齿，说到最后简直是洗涤心灵，好像给自己消毒一样爽。

要知道，我们从小只列"优点清单"，写简历从来只写优点、优势啊！而别人只要提一句我们的弱点，我们就会不自在，就会难过、生气！

弱点从来都是我们想拼命掩盖的东西，是自己不愿意直视的东西，怎么会有人把自己所有的弱点一条一条说出来，还列个大清单呢？

我一条一条说自己的弱点，居然有100多条，哎呀呀，比优点多多了！

开始说的时候，我好难过，恨不得掉眼泪。说到最后，都说出喜感来了。自己的每个弱点，都是作为一个喜剧演员可以使用的自嘲点，也就是喜剧资产。我居然有这么丰厚的喜剧资产，哈哈，我看到了自己的可能性。

原来每个人都有一个长长的弱点清单。面对这些弱点，当事人自己觉得痛苦得要死，但别人其实是无感的。

我的伙伴苦恼地说:"我头发好少。"

我说:"我看不到啊,我太矮了。"

我俩一起笑了。人生好像被治愈了。

原来,那些曾让我们自卑,让我们苦涩的东西,也可以成为生活里的开心果。

在李新的课里,有太多闪着智慧之光的东西,你慢慢读这本书,慢慢体会。

第三天,李新让我们体验了小丑课。

小丑课上有一个面具,就是戴在小丑鼻子上的那个小红球。李新说,这是世界上最小的面具,转过身戴上它,再转回身,你就成了小丑。

我转过身,戴上小丑面具,再转回身面向观众,然后向舞台的中央走去,然后摔了一跤。观众哄堂大笑。

你可以说这是我的出丑,但这也是一个小丑的成功。

我好像又感受到了某种真相。

如果这是我中学参加的一个学校活动,我会把在舞台上摔了一跤视为一次失败。我的整个中学生涯会一直为此懊恼,甚至会在很长时间里是我一个挥之不去的噩梦。

但其实不过就是摔了一跤。失败也罢,痛苦也罢,挫折感也罢,看你怎么解释。因此,换个角度,我也可以把它解释为一次成功。

就这样，通过李新的三天幽默课，那卡住我的能量，让我不能流动的三个大堡垒——处理冲突、自身的弱点、过往失败的挫败感，都开始消退了。本来我计划向心理医生求助的，却被李新的幽默课治愈了。

听说李新打算出书，我非常开心，并且非常积极地向朋友推荐这本书和训练的内容，也期待李新能继续开线下课，继续提供线上训练营。

幽默是一种态度，同时也需要持续练习的能力。你没亲自练过，也许不知道说"Yes"有多难，不知道一条一条列出自己的弱点有多难。当然，也许你也不知道，当你学会了自嘲，学会了讲段子，让身边的人笑起来的时候，有多爽。

幽默是生活的灵药，更妙的是，你还能把自己变成药厂。

推荐序2

幽默感是人格的一部分

王雪纯
中央电视台主持人、制片人

为《幽默感》这样一本书写序,不是一件简单的事。究竟什么是幽默?自己有没有幽默感?心里想到幽默这个词的时候,脸上是该带着笑还是该皱着眉?琢磨着这些问题,眼前就出现了李新那张常常带着笑容的脸。

我和李新结识,是在制作即兴喜剧节目《谢天谢地,你来啦》的时候,说起来也是将近10年前了。那时国内的观众对于即兴表演、即兴喜剧这种创作模式还不太熟悉,也没有什么制作团队尝试过这类电视节目,我们这一组率先试水的人自然也是摸着石头过河,一切都是新鲜的挑战,艰难但有趣。李新和她的团队就是在这"茸毛鸭仔初下河"的阶段加入我们的,她在国外学习时对即兴喜剧有一定的了解和研究,还引进了一套具体的训练方法，这些方法不仅针对创作和表演，也是一种社交能力训练，普适于很多场合、集体、团队。所以，李新加入我们之后的主要任务是在参加即兴表演的嘉宾上场之前，为他们做热身培训，目的是帮助他们熟悉即兴表演的规则，放松身心，解放个性和想象力，最终能够怀着最饱满的好奇心和兴奋感推开舞台上的门，走入即兴表演的场景中。由于录制时间的限定，每一次的热身都必须在一小时之内完成，就是在这些简短的热身培训中，李新为我们带来了新鲜的方法和她那始终热情诚恳的笑容。

时隔多年，我们的节目没有再继续做了，而李新却一直在坚持推广她的培训方法，指导喜剧表演，现在又奉献上了这本书。从目录上看，读者可能会觉得这像是一本教科书，于是也许会有人问，幽默是可以学会的吗？李新通过多年研究和实践的心得梳理出的这本书，给出了一个肯定的答案。

依据我的理解，幽默感原本就是人格的一部分，它包含了自主的幽默表达能力和对幽默的识别能力。虽然是人格的一部分，本应与生俱来，但幽默更像是潜伏在我们心灵深处的一种因子，它需要环境的滋养和个体成长过程中的自我建设来激活。而如何用一些有效的方法来激活幽默感，正是李新在这本书里所探讨的。当然，由于幽默附着于生命当中，它是灵动的，所以更多的时候需要我们去体会，也可以进行一些练习，却不可以生搬硬套。幽默不是套路，但我们可以从某些规律中去感受它，在不知不觉中，那种海阔天空、峰回路转乃至绝处逢生的幽默感，或许就被激活了。

感谢李新热诚的探索和分享，愿大家在她对幽默感的分析体察中，感受到幽默带来的开朗心境。

自 序

愿你总能看到生活的明亮面

两周前，我去参加一个设计师工作坊。一位德国设计师启动了一个为美德设计的项目。项目涉及8种美德，其中之一是幽默。我十分喜欢她对幽默的定义："幽默，是一种能力，它让你总能看到生活的明亮面；它让你即使面对生活的恶意，也能有喜乐的视角。幽默的人爱笑、爱玩、爱逗乐、爱把微笑带给他人。"

英国作家萨克雷说："诙谐幽默是人们在社交场上最美丽的服饰。"小到家人、朋友、同事的聚会，大到公众演讲、商务谈判，一个幽默的人无论走到哪里都会自带受欢迎的气质，受到大家的认可，给人留下深刻的印象。就连美国总统的竞选团队，都会聘请专门的幽默顾问，好让总统候选人显得更加亲和，富有魅力。

你有没有这样的经历：

幽默感

XX

- 聚会时大家都兴高采烈、热情高涨,你却独自坐在旁边插不上话,好不容易鼓足勇气跟大家互动一下,却让原本热闹的场面瞬间冷场,你也尴尬到无地自容。
- 来到一个新单位,你想要自我介绍,却在报完名字后就满脸通红,一句话都说不出来。
- 团队活动,你被要求发言,站起来的瞬间,你却感觉大脑一片空白,面对无数双望着你的眼睛,只想找个地缝钻进去。
- 年终跟领导汇报工作,其他同事都侃侃而谈,你却像个闷葫芦,半天说不出个所以然来。本来工作做得不错,功劳却成了别人的,让你恨不得抽自己嘴巴。
- 还有,你身边有没有一种"烦人精",当面嘴贱,背后扎心,平时不干正事,最爱跟你提一些非分的要求?等你反应过来,对方已经到了五里开外。你心中只剩悔恨,责怪自己怎么没有马上回怼的机智。

别急,幽默的技巧能帮你解决这些尴尬和难题,让你在各种场合更加游刃有余。亲朋聚会、演讲表达、职场晋升、尴尬破冰、人际关系、自我疏导、工作压力、潜能激发……你在生活中遇到的大小困扰，很多都能在这本书里找到解决方法。

幽默就像一种习惯，用得多了，机智聪明真的能进入你的基因。

好消息是，这个技巧是可以学习的。在幽默这件事上，刻意练习比天赋更重要。大部分的幽默并不来自灵感，而是来自幽默的思维方式和技巧。

在这本书中，我会分三步为你分解幽默的内涵，教你怎样通过幽默的技巧和刻意练习，成为一个更受欢迎的人。

首先，在第1章我会从理论的角度，对幽默进行重新定义和阐述。

幽默不是简单的搞笑。在看似轻松的笑话背后，蕴藏着幽默让人发笑的四大机理——意外感、优越感、宣泄感、熟悉感。只有让听众在你的段子、故事中找到这些感觉中的一种或几种，段子和故事才真的具有幽默的效果。

接下来，我会用4章的篇幅，结合具体的段子、案例，分析幽默的技巧和方法。

当然，如果你想立竿见影，也可以跳过前面的章节，直接翻到本书第143页的幽默工具箱，那里提供了15种简单实用的段子技巧，你可以拿过来直接套用，秒变幽默达人。

在第6~9章，我会列举幽默在现实生活场景中的应用，包括自我介绍、演讲表达、亲朋聚会、上下级相处……当然，我也会列举幽默中经常出现的雷区。

  最后，我想特别强调的是，提升自己的幽默感并不是为了把幽默作为职业，而是通过幽默让自己的生活变得更加丰富多彩，在人际关系中更加放松自如。生活已经给了我们太多难题，而我们要做的是把这些难题变成自我精进的源泉。

1 重新认识幽默

很多人认为幽默就是让人发笑,其实不然。幽默确实会让人发笑,但并不是所有能让人发笑的都是幽默。幽默除了可以让人发笑,还是一个人智慧与才华的体现。好消息是,幽默并非与生俱来,而是完全可以通过训练获得。

什么是幽默

什么是幽默？你如果拿这个问题问人们，会得到各种各样的答案。有人高深地跟你说幽默就是"情理之中，意料之外"，有人简单直白地说幽默就是搞笑，有人用结果来定义说幽默就是让人发笑。

但是你想想，能让人发笑的东西有很多，如果仅仅是为了让人发笑而让人发笑，那其实不是真正的幽默。打个比方，你的生活中是不是会遇到这种人，他会给你讲很多网上的段子和笑话，可是你并不觉得这个人幽默，甚至可能觉得他有点烦。所以就算你变成一个笑话集锦，别人也不会觉得你幽默。

著名剧作家萧伯纳曾说："幽默就是用最轻松的语言，说出最深切的道理，在表面上感到很可笑，如果继续往深层挖掘，便会从心底里会心一笑。"所以，幽默并不是肤浅的搞笑，它体现了一个人的内涵和修养，幽默的语言具有沁人心脾的神奇魅力。

弗洛伊德认为，幽默是用一种社会许可的方式表达被压抑的思想。通过幽默，一个人可以不需要恐惧自我或超我的反击，从而自由表达他的攻击。

那么，幽默到底是什么呢？学术界对幽默并没有一个明确的解释。可以明确的是，幽默是一种经过艺术加工的语言形式，是一种艺术性的语言。幽默让人发笑，但又具有含蓄且让人回味深长的特征。

幽默背后有一门学科叫喜剧，幽默和喜剧之间有着大面积的交集。作为脱口秀节目和情景喜剧的创作者，我每天都要研究什么样的人好笑，什么样的事有趣，台词要怎样写才能让人捧腹。如果让我试着给幽默下个定义，我会说："幽默就是从一个有趣的视角来讲述痛苦和真相。"这个定义里面有三个元素：有趣的视角、洞见真相、痛苦和失败。

有趣的视角

幽默是一种 POV（Point of view），也就是世界观的意思，就是你要站在一个独特的视角去观察这个世界，这个视角跟正常的视角是有偏差的，这个偏差的角度造成了新奇感、意外感和幽默感。

> 《阿Q正传》里，赵老太爷对阿Q说："你也配姓赵！？"

姓什么本来是天生的，是一件不需要资格的事情，但是赵老太爷却暗示"你"没出息，没资格姓赵。鲁迅先生用幽默揭示了一个真相：没有地位的人不仅不能选择命运，连自己姓什么也决定不了。

建立独特的视角，你就处在了一个说什么都好笑的幽默区。要做到这一点，你可能需要比别人多一点天马行空。

我们要用一个新奇的视角来观察生活，得出结论。

比如你为脱发烦恼，你可以用自己头发的视角来看待自己：

> "这家伙为啥要做程序员，就不能为了我换个工作吗？长在这家伙的脑袋上太不容易了，随时都有牺牲的风险。成天熬夜，还吃垃圾食品！昨天跟我约会的那根头发，今天已经被冲进下水道了。"

幽默需要洞见真相

真相就是你观察到的这个世界的真实面貌和学习到的世间的道理。每当你听到一句话让你觉得"扎心"的时候，往往就是真相时刻。

> 有些人感慨：岁数不小了，还没有成熟起来。其实你们已经成熟了，你们成熟起来就这样。

真相 + 好笑 = 幽默。很多人只看到幽默好笑的部分，却忽视了幽默必须击在生活的七寸上。对于没有蕴含真相的搞笑段子，听众只会一笑置之。这就是你会感觉幽默是一种智慧的原因，也是有些槽点可以长时间流行的原因。

幽默要讲痛苦和失败

幽默的第三个元素，就是痛苦和失败。平常说话时大家会说自己喜欢什么、擅长什么，而幽默是把生活中失败的、痛苦的、糟糕的事情，用另一种方式表达出来，从另一个角度给人启迪。

比如表白失败，比如当众出糗，或者高考失利、找不着女朋友，等等。这些糗事、囧事，可以是自己的亲身经历，也可以是你在生活中观察到的别人的事情。

大家可能听说过有一位程序员，因为写了一个程序，为自己抢到了一盒月饼而被开除了。

这件事对当事者来说是一个倒霉的经历，因为一个念头丢了一份高薪工作。但是吃瓜群众大多以一种八卦娱乐的心态来看这个新闻，于是有了很多欢乐的吐槽，比如：

> "总以为学编程能拿到五位月薪，想不到最后到手的是五仁月饼。"
>
> "来我公司吧，新入职员工月饼不限量领取哟。"

你可能说这也太没有同情心了！但是你要了解人性，在没有造成真正伤害的情况下，人们更倾向于用吐槽来获得心理上的优越感和宣泄感。幽默是一门研究失败和失败者的学问。越悲情，越好笑。我曾经在某公司的一次年会上看见他们的CEO（首席执行官）大谈特谈自己创业的丰功伟绩，底下的员工听得昏昏欲睡，玩手机的玩手机，吃东西的吃东西。试想一下，如果这位CEO改为讲讲自己创业过程中的失败，或者自己做了哪些愚蠢的决定、犯了什么错误，最后九死一生才熬到今天，员工会做何反应？这些难道不是更吸引人的故事吗？结果一定令人印象深刻，而且能让团队学到更多的东西。所以我们说，不敢展现自己脆弱一面的 CEO 不是好的幽默演说家。

无论是生老病死这种大真相大痛苦，还是生活中的小真相小痛苦，都可以成为幽默的素材，都能够让大家产生共鸣。

幽默需要原创

最后，我们来说说这三个元素之外的一个隐藏元素，也就是幽默往往是原创的，它是你即兴应对世界的一种表达方式，你可以通过幽默告诉这个世界，你对于很多东西的独特观点。

笑话百宝箱并不是真的幽默，真正的幽默必须是即兴应对世界时的一种表达方式。举个小例子：

> 有一段时间，传言赵本山家里囤了 20 吨黄金。赵本山听到后上节目时就讲："你们传得很嗨，说有 20 吨黄金，连我自己都信了。早上起来挨屋翻，你说咋丢了呢？"

幽默的目的不仅仅是让人发笑，更重要的是应该让人了解你的想法，帮助你赢得听众。所以，不要讲别人的段子，真正的幽默应该是原创的，能反映出你的个性，是一种饱含智慧和力量的自我表达。

人类到底为什么会发笑

幽默的四个机理

1. 意外感
2. 优越感
3. 宣泄感
4. 熟悉感

幽默的特征之一，就是能够给人带来欢笑。那么，幽默为什么会让人发笑，幽默里的哪些元素引发了人的笑？在幽默的笑声里，人们产生了什么样的感受，有了哪些让人愉悦的体会，也就是幽默的机理是什么？在这一节，我给大家总结了幽默之所以让人发笑的四个机理：意外感、优越感、宣泄感和熟悉感。

意外感

我先来说说意外感。意外感是大部分笑话产生的根本原因。

笑是因为当你的大脑正在如常运行程序时，突然出现了一个与程序不兼容的东西。或者说你的大脑突然辨识出了一个错得离谱的东西，因此产生了错愕，错愕又产生了笑。哲学家康德说过："在一切大笑里，肯定有荒谬而悖理的东西。"这句话的意思是，笑话中的逻辑跟我们平时认知的逻辑往往是相悖的，有错乱和矛盾出现，笑料正由此而生。

举个例子，很多人应该都看过《乡村爱情故事》这部电视剧，其中有这样一个情节：

> 在一家医院里，赵四站在走廊里东张西望。护士看见了就问他："同志，你在找什么？"赵四说："请问，你们的厕所在哪个科？"

你看，赵四的归类体系跟其他人是不一样的，厕所被他变成了一个科室，听者的大脑顿时产生了错愕，于是就笑了。

再比如，刘能说："你属穆桂英的啊你，阵阵落不下你。"穆桂英不是一个生肖属相，你的大脑在习惯了的鼠牛虎兔等属相中，突然得到一个错乱的、不和谐的信息，这个错乱就引发了笑。

《乡村爱情故事》里，王云对谢大脚说：

姐你穿得真美观，像扑克牌里的大王！

你看，这句话中包含了两个不应该在一起的东西，它们还被形成了一个逻辑，这就是俗话说的"这都哪儿跟哪儿呀"。

再比如，脱口秀演员黄西说："上帝让我成了无神论者。"在这句话里，上帝和无神论者是一对矛盾体，矛盾由此出现，笑自然就产生了。

你可以想想你听到的那些打脸梗。比如："我最讨厌两种人，一种是有地域歧视的人，另一种是北京人。"这里面有明显的逻辑矛盾，因为讲话的人暗示自己没有地域歧视，转脸就说自己讨厌北京人，正是这种猝不及防的逻辑矛盾造成了意外感，而这种意外感正是让我们发笑的根源之一。

优越感

接下来给大家讲一讲优越感是如何让人发笑的。哲学家托马斯·霍布斯曾这样说过:"笑,是发现事物的弱点,联想到自己的某种优越感时,那种突然产生的荣耀感。"这句话听起来很高深,对不对?翻译一下,就是说人们看到别人尴尬或被羞辱的时候,就会在对比之下产生一种优越心理。

举个例子,在生日聚会上看到寿星被伙伴们来了个蛋糕糊脸,化好的妆瞬间花掉,你可能会忍不住发笑。这就属于因优越感而发笑的情况。也就是说,你脸上干干净净的,而别人却变成了大花脸,你的优越感由此产生,笑也就产生了。

再举一个例子。

> 2015年,小米公司董事长雷军在小米4i印度发布会上大飙英文,其中他说的一句"Are You OK?"被网友剪辑成一首鬼畜神曲,这段小视频随即在网络上疯传,点击量很快就突破了千万,看到这段视频的网友无不捧腹大笑。

这段视频引人发笑的点就在于,雷军被全世界发现了他那带有浓重口音的英语发音,而看视频的观众,要么对自己的口语很满意，要么庆幸自己不必像他一样在大庭广众之下暴露弱点，优越感由此而产生。不过后来雷军很聪明地利用这个槽点进行了自嘲，我们在后面讲自嘲的章节会具体说。

优越感可以分成两种模式：

- 我吃亏，对方占便宜。
- 对方吃亏，我占便宜。

"我吃亏，对方占便宜"就是人们常说的"自嘲"；而"对方吃亏，我占便宜"就是"怼人"。

但是在有多人在场的情况下，优越感模式可能就变成：

- 我吃亏，其他人占便宜。
- 某个人吃亏，我和其他人占便宜。
- 某个人和我吃亏，其他人占便宜。

第一种仍然是自嘲，第二种也仍然是怼人，但当一个人在一群人面前受到嘲笑时，比较容易恼羞成怒，于是产生了第三种模式，这种模式更聪明，就是怼某个人的同时也拿自己开刀，这样对方因为有人垫背，就不容易生气了。比如：

> 我这种胖子找不到男朋友是活该，可是你这么瘦怎么也没人追呢？

当然，生活中我们也时常吐槽一个群体，这让优越感模式产生了更复杂的变种，比如：

> 北约峰会上几名领导人围在一起说特朗普坏话被摄影机拍到，这件事告诉我们，原来国家元首平时讨论的也不全是天下大事，而是跟我们一样，喜欢碎嘴八卦。
> ——美国脱口秀演员　特雷弗·诺亚（别名崔娃）

在这个段子里，特朗普被说坏话，北约领导人们被吐槽太八卦，因此吃亏的是"特朗普"和"北约领导人们"，作为听众的"我们"占便宜。

宣泄感

幽默的第三种机理是宣泄感。那么宣泄感又是什么呢？在这里我还要再引用一位哲学家的名言。哲学家斯宾塞说过："笑是对压抑神经的释放。"也就是说，紧张被释放之后也能产生笑。因此，所谓宣泄感，是指在压抑紧张情绪后突然释放所产生的幽默效果。

在过于紧张的时刻，我们大脑的神经需要幽默来释放一下，休息一下，以便重新回到指挥人体行为的常规中来。

这种类型的幽默，很大程度上来自触碰敏感话题造成紧张感，让话语处于打破社交禁忌的边缘。禁忌或敏感的话题特别能让听众产生宣泄感，这就是宣泄型段子大多是荤段子或者政治段子的原因。当然还有一种结合了政治段子的黄段子，有宣泄放松的双重作用。

以政治段子为例，它符合幽默的"向上攻击"（Target Up）原则，也就是吐槽、嘲讽身份和地位比自己高的人；这也是特朗普特别受到全世界的段子手欢迎的原因——他既有钱又是美国总统，却槽点满满：自大、傲慢、任性、蔑视规则，总说一些被人嘲笑的傻话。关于他的笑话成为全世界人民的减压剂。

> 奥巴马、希拉里和川普都去见上帝了。到了天堂门口，上帝在那把关，要他们先回答"你相信什么？"。奥巴马说："我相信认真工作，坚持不懈，自由民主。"上帝便放他进去。希拉里说："我相信奥巴马所相信的，还有，我还相信输了同时意味着赢了。"上帝也放她进去。上帝最后问特朗普："你相信什么？"特朗普答道："我相信你坐在了我的位置上。"

"向上攻击"当然也包括吐槽富人,类似的段子在网上随处可见:

> 亿万富翁的儿子闲来无事在家看书,他爸爸看到后,气得扇了他两巴掌,骂道:"你这个败家玩意儿,竟然看这种书!"说完,将他手中的《如何成为千万富翁》打落在地。

是不是一定要触碰禁忌话题才有宣泄型段子呢?不一定。宣泄型段子的重要特征是首先要制造一种人际紧张感。我举一个生活中的小例子。

> 一对夫妻跟朋友聚会。
> 朋友:"你们结婚时间也不短了,抓紧时间要孩子啊,还没怀上吗?"
> 妻子:"已经有了。"
> 丈夫吓了一跳。
> 丈夫:"真的吗?老婆,我都不知道!"
> 妻子指着丈夫的大肚腩说:"在这儿呢,你看看这是几胞胎?"

例子中妻子"有了"是一个异常信号,这个信号会令人一惊,感到紧张。丈夫可能会想:"哎呀,我要当爸爸了!"可是听到最后才知道是讽刺自己胖。在利用宣泄感营造幽默的时候,想要达到最后的宣泄和释放,就必须先营造一种紧张感。而且,前面冒犯得越厉害,后面解除得就越痛快。

> 年会上,一个同事吐槽道:"咱们公司天天变业务方向,加班加到吐,福利又差,要不是因为咱们老板这么有魅力,我早就辞职了。"

你看看这话说的,惊不惊险、意不意外?现在你明白为什么年会上吐槽老板那么流行了吧?就是因为它往往真实地表达了员工平时的不满,先让同事们都绷紧神经,然后又能漂亮地圆回来,打一个惊险的擦边球,大大地释放了大家的紧张感,通过笑获得巨大的爽快感。

熟悉感

幽默还有第四种机理:熟悉感。你可能会觉得很意外:熟悉感也会让人发笑吗?

你回想一下,是不是当别人说出你一直在想但从未用语言精确描述出来的东西时,你会扑哧一笑?

> 女人真是特别爱抱怨，不管你怎么做，她都不高兴。你要是天天去上班，她就会说："你根本就不管我，我受够了！"可如果你总是在家，她又会说："你怎么老黏着我，能不能让我有点自己的空间？我受够了！"
>
> ——美国脱口秀演员　克里斯·洛克

在生活中，相信大家经常会听到男人对哥们儿这样吐槽。上面这个例子用的就是熟悉感，听众可以在这种例子中找到共鸣，因为每个人生活中都会碰到类似的情景，即使你本人没有碰上，因为它很常见，你也能理解。我们称这种笑话为"观察式笑话"，它背后的机理就是熟悉感。观察式笑话，顾名思义，来自对生活的细致观察。观察式笑话简单来说就是观察生活中的漏洞，观察人们集体无意识的行为，尤其注意那些每天都在发生但是从来没有人说过的点。比如：

> 男人实在不明白女人为什么热衷于买包。因为没有男人会说："这个女的长得不好看，但是她背的包挺好看的，我跟她交往吧。"

说的是不是在理？你听了是不是想笑？所以生活中从来不缺乏幽默，缺乏的是发现幽默的眼睛。

观察式笑话是一种特别容易赢得听众认同的幽默。你会看见听到这个笑话的人会频频点头,他们脸上的表情说明他们恨不得喊出来"的确是这样的"。熟悉感可以让人们彼此之间心领神会,这种愉悦感也可以带来笑声。这种类型的幽默特别容易俘获人心,因为听众认为你说出了他们的心声,接下来就会信任地打开心门任你长驱直入啦。

幽默的四个思维方式

制造幽默需要先从改变思维方式开始。意外感让人发笑,所以,你就要扭转思维,制造意外感;优越感让人发笑,你就要给人制造心理差势,让人产生优越感;宣泄感让人发笑,你就要制造冒犯和紧张,让人感觉到威胁以及威胁解除后的放松,由此产生宣泄感;熟悉感让人发笑,你就要去观察生活,发现生活中别人没有发现或者没有说出来的真相。

也就是说,意外感的核心思维就是刻意误导,优越感的核心思维是制造心理差势,宣泄感的核心思维是攻击和冒犯,熟悉感的核心思维是发现真相。

对应幽默的这四个机理,制造幽默需要四个思维定式:误导思维、差势思维、攻击性思维、发现真相的思维。这四个定式也衍生出很多的实战技巧,在幽默的段子中、自嘲中、吐槽中、故事和场景中,都运用到了这些技巧。

幽默的四个思维方式

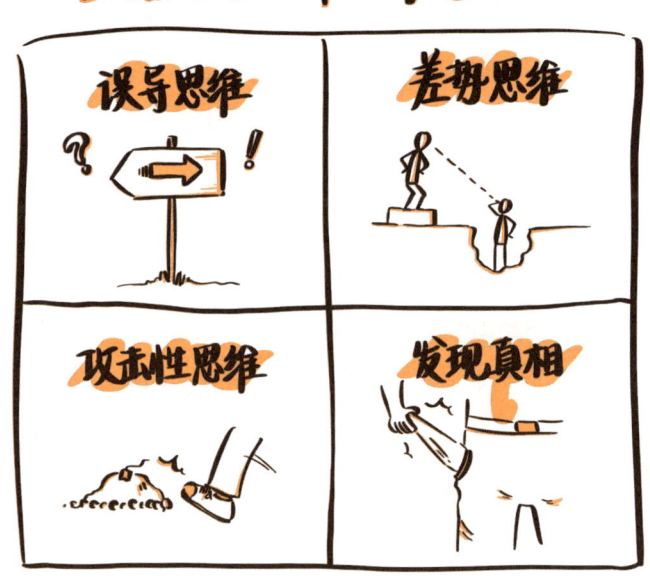

- 误导思维
- 差势思维
- 攻击性思维
- 发现真相

误导思维：好的幽默，是在情理之中、意料之外

"情理之中、意料之外"的意思就是，幽默既需要有合理的部分，也需要有意外的部分。我给大家举个例子：

一天，我带 4 岁的女儿去医院。到了医院，医生对我女儿说："来，给你拍张片子。"

我女儿问："要笑吗？"

你看，医生要给我女儿拍片是"情理之中"，而我女儿说"要笑吗"就是"意料之外"。

"情理之中"非常重要，因为情理出现，听众开始根据自己的经验假设人物在这一情境中的各种行为。"意料之外"，就是人物实际做出了一个跟假设不同的行为。

"情理之中、意料之外"是利用情理产生假设，然而实际情况却跟假设不同。

在正常的语境中，医生说的拍张片子，指的是拍张医学影像。但是，对于小孩子来说，她的知识储备让她想到的是照相，所以她问要不要笑。这个回答打破了大人的正常预期，所以大人会觉得好笑。

你在网上应该看到过类似的段子：

> 我去求职的时候，简历上要求我填得过何种奖励。
> 我马上就写上：昨天我刚中了雪碧的"再来一瓶"。

这就是幽默的第一个关键思维方式——"刻意误导"，这个思维也叫"违背预期"。刻意误导的意思就是前半部分要引导听众往一个方向去，到后半部分，要往另外一个方向去。

差势：比糟更糟，让对方产生心理上的优越感

我们说幽默是研究失败者的学科，如果你希望你的故事能够有幽默的效果，就要讲不好的事情。如果对方的事情本身已经很不好，你就要讲一个比这个事情更糟的事情，让听的人产生心理差势，在心理上拥有优越感，继而产生哈哈大笑的欲望。

差势思维就是：你好我坏，或者你糟糕我更糟糕。无论对方是什么状况，你永远比他差一点，给他的感觉永远是"我不如你"。这样对方在心理上就有一种跟你有距离、有差别的感觉，会在心里产生优越感，觉得比你好、比你强，从而产生笑的冲动。

我们来看一个例子：

> 我的同事小乙讲过这样一个段子："小时候我家特别穷，不管我生什么病，我妈都会从抽屉里拿出风油精。"

这个段子把人物的"穷"作为痛点，通过"风油精"这个不管生什么病都能拿出来的万能药，让听到这个段子的人产生一种"我没有这么糟，我比对方好"的心理，有一种心理优势让他感觉舒服想笑，幽默感由此产生。

再看一个例子：

> 我的一位同学曾经给我们讲过他的恋爱故事。他是这么开头的："你们知道女孩如果不同意跟你处朋友就会说'你是个好人',对吧?我现在就来给大家讲讲我一周集齐7张好人卡,召唤神龙的故事吧。"顿时,全班同学都竖起了耳朵。

从这两个例子可以看出,很多时候,幽默总是在讲你不行、你失败,或者别人不行、别人失败,这样听众就感觉到他比你、比那些倒霉蛋要幸运,从而产生优越感,继而开心。

幽默需要一点攻击性

从心理层面来讲,人并不是总要从别人的痛苦中寻找快乐,很多时候,紧张之后的放松和宣泄给人带来的轻松和愉悦,甚至比优越感给人带来的感受更深,更能触动人的内心。所以,我们说幽默需要一点攻击性,这也就是我接下来要说的幽默的第三个思维定式——攻击性思维。

来看个例子:

> 美国有档知名的脱口秀节目叫《艾伦秀》。有一次,一个来上节目的女嘉宾刚刚跟主持人艾伦握过手,坐下

就说:"我得了重感冒。"

艾伦马上假装嫌弃地抽出一张纸巾来擦手。

女嘉宾先是一愣,反应过来后开心大笑。

这是一种假性攻击,也就是攻击别人不是真的去戳对方致命的痛点,而是去挠对方的痒痒,既给人制造紧张感,又不会真的给人带来伤害。

艾伦假装嫌弃地擦手,就是制造紧张感,让对方一下子感觉到紧张和尴尬。这种"逗"对方一下,就是"冒犯"。因为重感冒并不会真的给人带来危害,所以,女嘉宾很快反应过来,感受到艾伦的幽默,她一下子放松下来,然后哈哈大笑。这种"冒犯"在说者与听者之间制造了短暂的假性紧张感,让听者在紧张之后突然放松,内心感觉被挠了一下,然后哈哈大笑。

需要注意的是,在这个段子中,如果对方不是感冒,而是有身体残疾或者其他自己不能改变的状况,那么,直戳对方的痛点,就有可能真的给对方带来伤害。

在假性攻击之外,还可以表现出真的攻击性。

真的攻击性可以攻击人也可以攻击事。攻击人包括攻击自己和攻击别人。攻击自己,你要说自己哪里很差;攻击别人时,你要说出别人哪里很差;攻击一个事件时,你要说出这个事情哪里不对,哪里让人生气,哪里愚蠢,哪里困难。

冒犯别人，就是在对方的短处和痛点位置下手，这样才能让对方的神经紧张起来。只有在真的紧张之后，对方才会有长舒一口气的放松，达到好笑的效果。

"冒犯"最绝妙的是你对对方的底线摸得很清楚，你的段子再有一毫米就触碰到对方底线，你几乎要插线走火了，结果最后安全弹回，毫发无损。

发现真相

很多时候，痛苦和真相就是幽默的来源。这个真相和痛苦可以来自自己，也可以来自你对别人的观察。而且，往往失败越大，"笑果"越好。

作家王蒙说："幽默是一种成人的智慧，是一种穿透力。一两句就把那畸形的、讳莫如深的东西端了出来。它包含着无可奈何，更包含着健康的希冀。"这里的"畸形的、讳莫如深的东西"，就是很多事情背后没被人发现或者不愿被人提及的真相。这些真相被通过幽默的方式表达出来，让听到的人产生一种真相被说出来后的释然和放松，内心产生轻松愉悦的感觉。

比如：

单口相声演员方清平在说段子的时候，讲到自己小时候家里穷，说："现在的孩子要什么玩具父母都给买，全是带电的，我小时候家里只有一个带电的东西——电门，我爸还不让摸。"

这个幽默的背后隐藏着的真相，就是那个年代人们生活的贫困和孩子玩具的匮乏。这个段子是在用另一种方式，提醒人们珍惜现在富足的物质生活。

所以，幽默就是把生活中失败的案例展现在人们面前，在让人们发笑的同时，给人们警醒，让人们得到不一样的启迪。

幽默是有段位的

无论任何行业，任何职业，现在大家好像都在靠段位说话。其实，幽默也是有段位的，不同段位的幽默产生的效果也是不同的。

初阶段位：好笑

好笑，就是说这种幽默本身并不表达什么，只是好笑，比如很多相声作品。郭德纲的相声里经常会出现他调侃搭档于谦的段子：

> 郭德纲："介绍一下，主要介绍他（于谦）。"
> 于谦："干吗主要介绍我呀？"
> 郭德纲："这个人叫于谦。"
> 于谦："是我。"
> 郭德纲："我的偶像呀！"
> 于谦："咳，谈不上。"

郭德纲:"名人呀!"

于谦:"没有。"

郭德纲:"了不起呀,往这一站,嘿!"

于谦:"可不就这样嘛。"

郭德纲:"多精神呀,看这脸,眼睛长得跟丸子似的,耳朵长得跟饺子似的,鼻子长得跟蒜似的,头发跟粉丝似的,胡子跟海带似的,豆皮的嘴,蚕豆的牙,这东北乱炖的脑袋。"

于谦:"一盆菜呀……"

类似这种段子,在郭德纲的相声里经常会听到。当然,郭德纲在相声里调侃的不仅仅只有于谦一个人,德云社里的其他人也常常难逃他的"毒舌",比如:

郭德纲:"我们后台有两个胖子,一个孙越,一个刘元。刘元的外祖父是相声大家张庆森先生,孙越的外祖父是李文华先生。这两个孙子……"

于谦:"两个孙子像话吗!"

郭德纲:"那应该叫什么啊?"

于谦:"两个外孙子。"

虽然这一段位的幽默没有太多的内涵，但并不代表它不重要。因为好笑本身也是有意义的。这就像你掌握了一套拳法，虽然完全没有内力，但是打起来还是虎虎生风。毕竟现在大家的生活压力都比较大，哪怕是单纯的娱乐也会让人心情很放松。这种段子让人没有任何思想负担，听过了，笑过了，放松心情的目的也就达到了。

中阶段位：令人舒服

幽默的中阶段位，就是让听者不仅感觉你说的好玩好笑，而且感觉心里很舒服，这是一种高情商的表现。正如美国心理学家赫布·特鲁所说："幽默可以润滑人际关系，消除紧张情绪，缓解精神压力，使生活变得更加富有情趣。它把我们从自己的小世界里拉出来，使我们一见如故，寻得益友。"

贾玲是大家公认的高情商喜剧演员，在很多节目中都可以看到她为遭遇尴尬的同行尤其是女演员解围。贾玲本身长得就很喜庆，她放得下身段，也敢于自黑，低调而温暖，让人有如沐春风的感觉。

有一次芒果金鹰台的后台采访，因为主办方的安排出了问题，原本的受访人临时换成了贾玲，结果记者们因为没有准备，半天没有人提问，场面尴尬。

> 贾玲说:"都没有问题啊?我已经不火成这样了吗?都没点绯闻要问问吗?"

贾玲一句话带活了气氛,试问这么懂得减轻别人工作压力的明星,哪个记者不爱?所以对人际敏感,让别人舒服的幽默,是比好笑更高段位的幽默。

高阶段位:有态度,有影响力

高阶段位的幽默,是能体现出讲者对人对事的态度和三观的。

脱口秀演员李诞曾经有一句风行一时的名言:人间不值得。这句话体现了他对人生的态度。李诞说过:"我一直以来是个沮丧的人,认为人生没有丝毫意义,梦幻泡影。"[1]他的段子虽然好笑,但是你总能看出其中包含的这种"沮丧"悲凉的人生态度。比如:

> "师父,清早听到一阵爆竹响。"
> "山下有人结婚。"
> "结婚为什么要放爆竹啊?"
> "想必是给自己壮胆吧。"[2]

---

[1][2]选自李诞的《笑场》一书。

幽默有很多种，有像李诞这样消解意义、认为凡事不值得过于认真的，也有认为万事皆可为、充满正能量的。比如马云广为人知的金句："今天非常残酷，明天会更加残酷，后天会非常美好。但是绝大多数人都死在了明天的晚上。"没有人能随随便便成功，只有那些能坚持下来，熬过残酷的今天和明天的人，才能最终取得成功。马云还说："梦想还是要有的，万一实现了呢？"鼓励人们树立一个明确的目标和梦想，作为努力的方向和动力。这句话唤起了无数人的热情和信心，开始自己的追梦之旅。

高阶段位的幽默暗合了社会的种种情绪，当中的观点能潜入人们的潜意识，甚至改变听者的认知、行为、世界观。我们称这种幽默是有态度、有影响力的幽默。

就如同说话达人秀《奇葩说》中的一些观点会引爆社会热点，引发社会思考，有些笑话也有同样的功效。

比如，美国《每日秀》(Daily Show)主持人特雷弗·诺亚这样吐槽特朗普：

> 总统这么强硬地反对非法移民，但他的模特老婆当年竟然是通过美国"爱因斯坦签证"获得绿卡的，我不知道她是怎么做到的，可能任何人只要站在特朗普身旁都会显得像爱因斯坦吧，哦不，几乎任何人。

在这个段子里，作者抨击了特朗普政策的愚蠢和双标，引发了听者的思考。

西方的很多专业脱口秀演员或主持人都有自己的核心创作主题，比如两性、政治、原生家庭、宗教甚至死亡。他们专注在这一个领域中思考段子，于是对这个领域有相当深入和透彻的思考，洞见也会随之变得更加犀利乃至震撼，这时他输出的已经不仅仅是娱乐，而是价值观了。所以，幽默也是一种强有力的表达，是可以影响世界的。

为什么幽默可以影响人呢？认知心理学认为：一个人的情感、认知和行为，是互相关联的。幽默很容易从情感上击破一个人的心理防线，这时候如果你的幽默中传递着观点，就比较容易对一个人的认知造成影响。认知改变了，人们就容易改变自己的行为模式。所以通过幽默和笑声，你的理念、你的思想、你的价值观，会潜移默化地被人接受，影响到周围的人。

以上就是幽默的三个段位，这三个段位由浅入深。在日常生活中，你可以先从逗乐别人开始，把快乐和微笑带给别人。然后，你可以善意地用幽默帮助他人化解人际关系中的一些难题。当你有了更多的思考之后，可以在更高的段位，运用自己的幽默影响和改变他人，让世界变得更加美好。

你真的与幽默无缘吗

我接触的很多人都断定自己此生与幽默二字无缘，不是觉得自己笨嘴拙舌，就是认为自己情商时常不在线。其实，幽默只不过是一种表达方式，就像其他的语言表达方式一样，幽默也是可以学习的。

你可以通过刻意练习，提升自己的幽默段位，从而改善人际关系，甚至影响和改变别人。只要你了解了幽默是怎么产生的，再加以演练，你也能变成幽默高手。

先给大家讲个故事：

> 美国有个爱尔兰籍的脱口秀演员大卫·尼希尔，他曾经是一个一上台讲话就两腿发颤的普通职场人，人生中有三次重要的机会，都被上台演讲恐惧搞砸了。为此他也想了很多办法，最奇葩的一次是研究生论文答辩的

时候，为了让自己不紧张，他甚至想出了借酒壮胆的办法。喝酒虽然壮了胆，但是，因为思维混乱，答辩被他搞得一塌糊涂，被老师打了个非常低的分数。

后来，机缘巧合之下他接触到了脱口秀，并开始了疯狂的练习。在一年的时间里，他在美国南加州所有的高级脱口秀俱乐部疯狂演出数百场，采访了自己能够接触到的几百位脱口秀演员和公众演讲专家，向他们学习幽默的技巧和方法。

经过一年的刻意练习，大卫·尼布尔成了脱口秀达人，曾经荣获第43届旧金山国际脱口秀大赛冠军、美国国家公共广播电台举办的全美故事大赛亚军，还受邀到牛津大学、斯坦福大学商学院等知名学府教授演讲技巧。

我再给大家讲一个真事：

大概七八年前，我看过一个新手脱口秀演员的表演，给我留下了深刻的印象。因为当时中文脱口秀界还是一片荒芜，我听说竟然有中国人在讲脱口秀，就忍不住好奇跑过去看。不幸的是，这次脱口秀真是为祖国的喜剧事业做贡献了：这位演员讲得实在是太差了，全程尬笑、手足无措、话题不知所云也就罢了，还一直强行跟寥寥无几的观众尴尬互动；最要命的是，这竟然还是个一小时的专场！你要是跟我一样牺牲了周末，从五环跑过去，却被一堆糟糕得连冷笑话都算不上的东西轰炸了一小时，估计你也会跟我一样很想暴起打人。

五年之后，我在另外一个场合再次碰到这哥们儿，本来想躲却没躲开。我发现，他竟然讲得不错了。虽然还是欠缺成名的天分，但是就一个普通演员而言，他已经讲得非常好了。台风自然、话题得体，段子包袱大多也响了。我当时特别吃惊，原来如此缺乏天赋的人，竟然在坚持了五年之后也能变得这么幽默。

所以说，在幽默这件事情上，刻意练习真的比天分更重要。然而这个故事还没有结束。

后来，他演出结束后，新人上前向他请教，怎样才能把脱口秀讲得像他一样好。结果他很傲娇地说，这个东西得靠天赋，你是学不会的。

这一次我又很想打他。

真的，如果有人跟你说自己的幽默是天生的，你完全可以在心里默默鄙视他一下，然后走开。我亲眼看到越来越多普通人通过脱口秀课程和练习变得妙语连珠，甚至走上了职业脱口秀演员和喜剧编剧的道路。幽默有一套行之有效的方法论和技巧，只要你持之以恒，一定可以有所改观。

想要成为一个幽默的人，有"道"可循，有"术"可依。作家马尔科姆·格拉德威尔（Malcolm Gladwell）曾经提出过"一万小时定律"，意思是普通人经过一万小时的练习，最终也可以成为大师。幽默正是如此。

本章小结

1. 幽默不是搞笑,幽默是你从一个有趣的视角来讲述痛苦和真相,是一种智慧且有力量的自我表达。

2. 幽默之所以让人发笑,是因为人们在幽默中产生了意外感、优越感、宣泄感和熟悉感,这就是幽默的四个机理。所有让人感觉好笑的事情,都是因为给你带来了这四种感受中的一个或多个。

3. 幽默也是有段位的,不同段位的幽默制造出的效果也会不同。你可以从逗乐别人的低段位开始学习幽默,然后进阶到让幽默成为人际关系的润滑剂,最后可以在幽默的内涵和深度上下功夫,在更高段位制造出有影响力的幽默。

4. 幽默可以通过刻意练习来提升,在幽默这件事情上,刻意练习比天赋更重要。幽默感的练习,同样遵循"刻意练习"的"一万小时定律"。

练习作业

分享一个自己的囧事,或者一次失败的经历,看看是不是好笑。

_____

_____

_____

_____

_____

_____

如果你想学习更多关于幽默的知识,欢迎关注微信公众号"李新幽默学社",在这里你可以学到更多幽默沟通的技巧以及脱口秀的专业知识。也欢迎你到这里提交作业,与我交流。

2 搞笑有套路，段子有公式

懂得了幽默的机理，学习了幽默的思维，可还是不知道怎么幽默，怎么办？别急，在思维和机理之外，幽默还有技巧和套路可以学习。幽默的技巧从写幽默段子开始，而写幽默段子也是有公式可以套用的。掌握了这个写段子的基本公式，再运用幽默的技巧，你就可以开始自己的幽默之旅了。

段子是幽默最基础的表现形式

在生活中，你是不是经常被一些段子逗笑？你有没有觉得写这些段子的段子手好有趣、好聪明、好有智慧？你是不是也希望像他们一样，可是却不知道怎么做，心里只有崇拜的份儿？没关系，这一章，我来给你破解段子的奥秘，看完这一章，你也可以化身段子达人。

我们先来看看段子到底是什么，段子和笑话、幽默有什么关系？

段子本来是相声艺术中的一个术语，指相声作品中的一节或者一段内容。后来人们把很多艺术形式中的一段或一小节短小精悍、能够说明一个问题或者一个道理的内容，都称为段子，比如相声段子、语录段子、搞笑段子、幽默段子等。

段子，就是用简短的、幽默的语言，说出一个道理或者揭示一个真相，制造出"情理之中、意料之外"，达到让人发笑、引人深思的效果。如果实在要区分段子和笑话，段子更倾向于讲个道理，笑话更倾向于讲个故事。但是现在两者融合得很多，所以我倾向于大家简单理解段子就是笑话。

在本书中，我们还会频繁提到脱口秀。脱口秀，英文叫"Standup Comedy"，直译是"站立喜剧"，专指一个人一支麦克风在舞台上幽默讲述自己的故事的舞台表演形式。脱口秀注重自我表达，从自己的情绪出发，只讲自己的经历、自己的观点，跟相声讲别人的故事有很大的区别。

幽默段子为什么这么受人喜欢呢？

首先段子短，就是一个小段甚至只是一句话，人们看起来方便快捷，瞄一眼就能看完，比如：

> 谣言止于智者，止于不了智障。
>
> ——傅首尔

其次，段子的语言一般都比较有趣，让人看到这个段子就想笑，给人带来轻松愉悦、释放压力的感觉。比如：

> 老师："小新，你用一个词来形容一下老师很开心。"
> 小新："含笑九泉。"

2 搞笑有套路，段子有公式

> 梦想还是要有的，它又不占地方。
>
> ——《爱情公寓》第五季

最后，很多段子让人们在笑过之后，还能从中学会一些道理，得到一些启示，甚至带给人们一些思考和回味。比如：

> 现在不努力，未来不给力。

> 和杠精吵架，就像和猪在泥巴里摔跤一样，几个小时以后你会发现，其实猪还挺乐在其中的。

要提升幽默感，可以先从段子开始练习。段子短小易学，不需要你长篇大论，不需要提前打腹稿，生活中对某件事的思考和感触，有感而发的一句话，可能就是一个段子。比如：

> 当我们终于混到不用仰头看人的时候，是不是就想把头低下来了？
>
> ——傅首尔

段子是幽默最基础的表现形式，而在舞台上，无论是什么形式的表演，第一步都需要有段子的文字底稿，然后在段子的基础上，通过语言和表演将幽默表达出来。所以，学习幽默的第一步，我们先从绝大多数人喜闻乐见的段子创作开始，让每一个普通人能够学得会、用得到、写得出、说得好。这也是我写这本书的初衷。

段子的基本公式

写段子不是脱口秀达人的专利，因为写段子是有套路可循、有技巧可用的。写段子有基本的公式可以套用，而且这个公式非常简单，只有两个部分。

段子 = 铺垫 + 包袱

所有的段子，都由两部分组成，第一部分是前面的一句话，我们把它叫作铺垫，第二部分是后面的一句话，我们把它叫作包袱。其中，铺垫是建立第一个思路，把你引向方向 A；而包袱是揭示第二个思路，把你引向方向 B，这就是我们在第 1 章讲到的意外感。前面的铺垫不需要好笑，你只需要陈述一个事实，越正经越严肃越好，好笑的部分是后面的包袱。

段子公式示意图

段子 = 铺垫 + 包袱

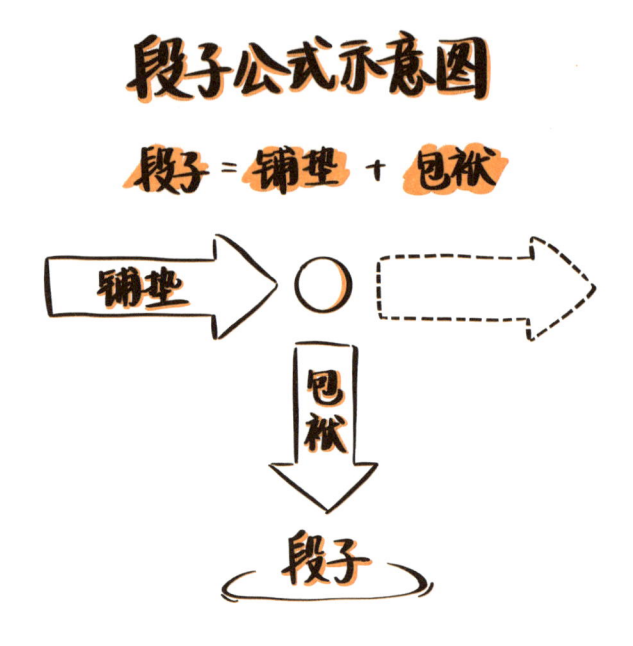

举个例子，歌手大张伟在一个电视节目上说过这么一句话：

大家都应该热爱小动物，因为它们非常好吃。

我们来看，前半句话"大家都应该热爱小动物"就是铺垫，他的这句话采用的是我们在社会语境下比较常用的一种逻辑，因为环保，大家都应该保护小动物。作为一个明星，提倡保护小动物很恰当，大家也都是往这个方向去想，这是方向 A。

后半句话"因为它们非常好吃"是包袱，它产生了一个转向，把这些小动物转向成为食物,把观众引向了方向 B,这个时候幽默感就产生了。

这个例子严格遵守了段子的基本公式,"大家都应该热爱小动物"作为铺垫,并不好笑,好笑的部分在后面的包袱,"因为它们非常好吃"。

为了给大家加深印象,再举几个例子:

> 人应该早睡早起,利用早晨的时间做一些有意义的事情,比如睡个回笼觉。
>
> ——黄西

> 我特别积极地参加公司组织的活动,工作这么多年,公司聚餐我一次都没落下过。

在第一个段子中,"做一些有意义的事情"是铺垫,顺着这个铺垫,在正常思维下得到的结果应该是读书、学习、工作、锻炼等事情,没想到结果是"睡个回笼觉"这样一个不靠谱的事情。

在第二个段子中,"积极参加公司组织的活动"是铺垫,顺着这个铺垫,正常的思维是"工作积极,有团队精神等",结果却是"公司聚餐没有落下过",也是出现了一个看起来不太严肃的转向。

我常常开玩笑说,自从明白了段子公式之后,整个世界都以

"铺垫＋包袱"的形式重构了。甚至平时聊天时听到笑话我都魔怔了，马上去想它的铺垫是什么，笑点又在哪里。虽然有时这个公式会改头换面，就像我在后面的幽默工具箱中分享的15种段子形态，但你只要细想就能体会到，无论是相声、小品、喜剧还是脱口秀，无论是在中国还是在外国，段子的底层结构都是一样的。

那么想要写好铺垫和包袱，有什么需要注意的呢？

首先，简洁是铺垫的第一原则。我们在生活中常常会遇到讲笑话的人，啰啰唆唆长篇大论，把事情的前因后果、起承转合统统铺陈出来，最后真正要抖包袱的时候听众早就失去兴趣，转身做其他事去了。笑点之前的铺垫部分必须简洁，否则容易毁掉原本可以很幽默的段子。

这是因为拖沓冗长的铺垫不但会给听众更多的时间来"准备"应对即将到来的笑点，让他们提前猜到包袱的方向，更糟的是它会不断提高听众对笑点的预期，毕竟你让听众听了那么多"废话"，如果包袱不能让人哄堂大笑，肯定会造成失望的情绪，甚至冷场。

那么包袱的部分需要注意什么呢？其实最重要的是两点：第一，笑点放在句子的越后边越好笑。第二，甩完包袱，说出笑点之后一定要干脆利落地打住，不能去解释笑话。新手如果没讲好笑话，比较容易心虚，讲完了还解释半天，其实完全不用。

所以，一个段子，除了铺垫和包袱，不应该有任何的废话甚至废字。如果一个东西既不属于铺垫，也不属于笑点，就应该去掉。

需要特别指出的是，铺垫和笑点不一定是语言。它可能是一个共识，一个情景，或者一个反应。比如我同事陈辰在做完近视手术后，医生递给她切下来的眼角膜，说："你留下做个纪念吧。"她吓了一跳："哈?"这里的包袱"哈?"其实只是一个情绪反应。

还有我们在跟朋友们聊天的时候，朋友们喜欢嘻嘻哈哈地补刀，这个补刀，经常是在大家都知道的铺垫的基础上补的笑话，也不用说出铺垫。

连接词和误导转向

你可能会问，我怎么才能想出铺垫和包袱之间的转向呢？这里就要说到一个核心概念了，叫"连接词"。

连接词

我们重新看段子的基本公式：段子 = 铺垫 + 包袱。在这个公式里，有一个隐含的知识点没有显示出来，就是这里隐藏了一个连接词。

这个连接词不是铺垫和包袱中间的那个加号，而是你需要在铺垫的部分找一个概念词，这个词可以有两种解释。第一种解释是在社会语境下，人们马上会想到的主流含义；第二种解释是不太常用的另外一种意思。也就是说，第一种解释是人们都理解的常规的意思，一般是正经的，而第二种解释往往不那么正经。

只要你能找到并在包袱里使用第二种解释，你就能形成转向思维，让接下来的包袱与人们预期的不一致。这样段子的幽默效果就出来了。

比如在"大家都应该热爱小动物，因为它们非常好吃"这个段子里，连接词是"热爱小动物"。

"热爱小动物"有两种解释。第一种是人们默认的常规解释，"热爱小动物"是出于保护自然，这是方向 A。而第二种解释是因为它们是好的食材，这是不太常规的解释，但也成立，这是方向 B。

你要做的，就是在铺垫中使用第一种解释，在包袱中使用不太常用的第二种解释。也就是说，听者在语境下都会默认方向 A，但是你的包袱要选择方向 B，这样转向就产生了。

再举个例子，你可能听过这个段子：

我问我的朋友："你有《时间简史》吗？"
朋友说："有时间我也不捡那玩意儿。"

当听到"有时间简史"这句话的时候，大家会默认是指"有《时间简史》这本书"，但是这句话在语音上还可以产生第二种解释，也就是有没有时间去捡大便。这里用了"有时间简史"（音）的第二个意思，让整句话的最终含义产生了转向，继而产生幽默的效果。

我把这个段子写在这里，是为了说明连接词和误导转向是如何制造幽默的。在实际生活中，这样用到谐音的段子，需要讲出来才能真正看出它幽默的效果。

再来一个例子，让你多多熟悉一下连接词和误导转向：

> 上课玩手机的确会导致成绩下滑，这点我深有体会。
> 最近一个学期由于总是玩手机，都没怎么给他们教课。

在这个段子中，"上课玩手机"就是连接词，你肯定立马想到的是学生上课玩手机，这是我们整个社会大语境给你的思维定式，但这里把玩手机的主语换成了老师，就发生了转向，就是老师上课玩手机导致全体同学成绩下滑，这个段子就这么形成了。

在美国情景喜剧《摩登家庭》中，编剧借角色之口说："80%的段子技巧都是文字游戏。"连接词就充分地证明了这一点。在本书的"幽默工具箱"中，你会看到更多的段子公式的变体，你也可以好好看一下连接词会以什么样的形式出现。

强化段子铺垫里的误导

有时候，为了让幽默的效果更强、更明显，需要在铺垫和包袱之间加一个短句子，这个短句子的功能是让听众毫不设防地相信铺垫里的误导，目的就是蒙蔽听众。

回到上课玩手机那个段子，"这点我深有体会"这句话就是误导强化。你发现没有，用作误导强化的短句子通常还有一种强烈的情绪，比如听到"这点我深有体会"，你就被这种情绪套牢，完全被牵着走了。

我再列举几个常见的误导强化的句子，你感受一下：

> 公交车上，乘务员提醒人们注意自己的钱包，年底了小偷缺钱花。我当时就震惊了，小偷年底才缺钱花，我从年初就缺钱花了！

> 我妈带着狗狗逛街，狗狗在蛋糕店偷偷吃了别人的蛋糕，店主非常生气，我妈也觉得十分愤怒，冲着狗狗叫道："这个蛋糕有添加剂，你怎么可以随便吃！"

> 大冬天骑摩托车出门没戴头盔，冻得耳朵都快掉下来了，连警察都看不下去了，拦住我说："你长成这样骑摩托车出门还不戴头盔，万一吓着别人谁负责！"

"我当时就震惊了""我妈也觉得十分愤怒""连警察都看不下去了"这几个短句子，就是误导强化。你可以感受一下，是不是这几个短句子都带有强烈的情绪，你在听到这里的时候，会有一种强烈的认同情绪？在最后结果说出来的时候，突然有一种恍然大悟的感觉，继而会心一笑。

　　需要说明的一点是，在一个段子里，误导强化是一个加分项，不是一个必须项。也就是说，不是所有段子都有误导强化，但如果一个段子里有它，后面抖包袱的效果就会更好。

训练误导思维

我们说段子在本质上是一种误导思维,所以,想写好段子,需要多多训练自己的误导思维。

首先要做的是,你在讲话之前,先想想在我们中国的文化语境下,人们对这句话的预期是什么。后面的包袱只要不顺着这个预期来讲就好。

比如,有记者问马东:"你怎么看《吐槽大会》?"这里记者的潜台词是马东对这档节目有什么观点。

不顺着这个预期,马东可以这样回答:

> 用眼睛看。
> 用电视看。
> 用手机看。
> ……

这个答案可以有很多，只要不按常规出牌，就能跳出常规的思维。

那么具体怎么来训练你的误导思维呢？我教你三个方法。

答非所问帮你学会误导思维

所谓"答非所问"，就是不正面回答对方的问题，违背对方的预期。这是很易于使用的一个技巧。

我称这个练习为废话里的王者练习。规则就是：无论对方问什么问题，你只要不顺着对方回答，就能给出让人意外的答案。这个技巧可以帮助你跳出对方预设的语境，永远不被对方的逻辑套牢。

比如：

"你是做什么工作的？"
——"正经工作。"

再比如：

"你为什么单身？"
——"我家狗也单身。"

或者：

"你为什么单身？"
——"你为什么秃头？"

"你做什么工作"，按照正常的思维，人们想到的是你从事的是哪个行业或者什么职业，回答"正经工作"，看似回答了对方的问题，实则没有按照对方希望的逻辑来回答；"你为什么单身"也是，按照正常逻辑，答案应该是导致一个人单身的原因，比如穷、工作忙、颜值低等等，而这里的"狗也单身"和"你为什么秃头"，与提问者按正常逻辑预设的答案完全不是一回事儿，完全跳出了提问者的逻辑。这些都给提问者造成了一种感觉，就是在听到这个答案后，他在原有的逻辑思路上突然停顿，产生一种意外感，继而哈哈大笑。

上面三个回答，第一个给人感觉你不愿意或者不方便表明自己的职业。第二个相当于委婉暗示对方问了一个傻问题。第三个更狠，以彼之道，还施彼身。

你看，只要你不好好说话，就能造成意外。但是请你特别注意，答非所问就像诸葛亮的空城计，最好只用一次。用多了会显得你很油滑，不真诚，不严肃，不愿意跟对方交流。答非所问是个让提问者有受挫感的技巧，用得多了双方的谈话将很难进行下去，所以千万记得要节制使用。

情绪势能变化

情绪势能变化就是人们常说的先抑后扬或先扬后抑。指的是，铺垫部分制造要抬举对方的意思，包袱部分打压对方；或者反之，铺垫部分制造要打压对方的意思，包袱部分抬举。

这个思维你可以简单理解为"捧"和"杀"两种势能的变化。先杀后捧、先捧后杀都可以有幽默的效果。土味情话其实就是"杀-捧"技巧的巧妙应用。

> 男孩：我觉得你不适合谈恋爱。（杀）
> 女孩：为什么？
> 男孩：适合结婚。（捧）

> 男孩：你能不能闭嘴！（杀）
> 女孩：我没有说话啊？
> 男孩：那为什么我满脑子都是你的声音。（捧）

如果你把事物的因果颠倒，即导致事情的原因其实是结果，或者颠覆一个东西的好坏价值判断并说出原因，也能给人耳目一新的感觉，形成幽默所需要的意外思维。

> 在 2020 年奥斯卡最佳影片《寄生虫》中有个经典桥段：穷人家的爸爸说雇主家的女主人"有钱还那么善良"，被老婆纠正为："有钱所以才善良，给我那么多钱，我也善良。"

把事情的结果倒过来讲，打破人们的思维惯性，幽默的效果一下子就出来了。

不协调

上面我们说过，人们之所以被幽默吸引，往往是因为幽默把两个熟悉的概念用新的方式进行了链接，进行反常的排列组合，大脑由此得到了刺激，处于兴奋状态。段子里用两个完全不搭的东西，造成矛盾的效果，就是不协调。比如：

> 每家都有一个嫌弃儿女早上用厕所的时间太长的老妈。我妈就骂我说：蹲个坑都这么艰难，要不要约个网课学习一下？

"蹲坑"和"网课"就是两个不搭的概念。

想要造成不协调，你还可以把一个异质元素放到一个常见情境中，造成不搭的效果。这个技巧，往往只需要你改变熟悉情境中的一个元素就可以，这个元素可以是反常的，也可以是搞怪的，这样幽默的效果就出来了。

> 悟空和唐僧一起上《非诚勿扰》，悟空上台，12盏灯全灭。女生们的理由是：1.没房没车，只有一根破棍；2.保镖职业危险；3.动不动打妖精，对女生不温柔；4.坐过牢，曾被压五指山下500年。等唐僧上台，哗！灯全亮。女生们的理由是：1.公务员；2.皇帝兄弟，后台最硬；3.精通梵文等外语；4.长得帅；5.最关键一点：有宝马！

按照正常的思维，去参加综艺节目的都是适婚男女，但这里把嘉宾变成了孙悟空和唐僧。这就造成了不协调，打破了人们的常规思维，从而产生了幽默感。

所以你看，误导思维也是可以刻意练习的。在日常生活中，当听到一个问题，或者别人的一句话时，可以把它当作铺垫，想一想可以怎样不从正面回答，前后可以怎样变换情绪，或者找一个不协调的元素让前言不搭后语，这样就有了笑点。

误导思维告诉我们，如果想追求幽默的效果，需要学会延迟满足。我们从小到大训练的都是怎么让自己的表达变得流畅，有如滔滔江水连绵不绝的口才是大多数人羡慕的。但是在幽默这件事上，恰恰需要你放弃一气到底的流畅表达，而去设计在语流中怎样时不时阻断一下，让讲话变得不可预期、充满惊喜，调动和点亮听众的情绪。如果同样用水做比喻，演说式的表达有如滔滔江水，而幽默却是蜿蜒小溪，最好其中还有溪石不断转变讲述的流向。

在我的教学经历中，我发现一件有趣的事情：学习幽默最有挑战的一个人群竟然是主持人。很多主持人的口才十分了得，不动声色地让"话不落地"是他们骄傲的一个职业成就。然而幽默要求不断阻断语流，去做转向，这种表达方式是他们不熟悉的，甚至是他们专业训练的反向。

你可能会问：我们延迟了原本的畅快表达可以得到什么呢？答案在你抖响包袱的时候：得到的是巨大的观众掌控感。当你看到全场听众因为你的段子而笑翻，情绪被点燃的时候，你会很有成就感。这样的成就感是非常迷人的，也是很多人成为专业脱口秀演员的原因。所以，幽默是会上瘾的哟，这可能是世界上最好的沉迷剂了。

本章小结

1. 写段子也是有公式可以套用的。段子 = 铺垫 + 包袱，这是段子的基本公式。第一句话是铺垫，帮你建立第一个思路，把你引向方向 A；而包袱揭示第二个思路，把你引向方向 B，给听众制造一个意外感。前面的铺垫不需要好笑，你只需要陈述一个事实，越正经越严肃越好，好笑的部分在后面的包袱。

2. 铺垫里应该暗含连接词。如果你想要制造更强烈的"笑果"，可以在铺垫和包袱之间加一句误导强化的小句子。

3. 段子铺垫中的连接词是训练逆向思维的好办法。找到连接词的第二种意思，在包袱里使用它，你的段子就能达到与预期相违背的效果。

2 搞笑有套路，段子有公式

练习作业

我们平时可以用日常用语来做一些误导思维训练。请你用"你是个好人"这句话，在后面接不同的话，利用答非所问、情绪势能变化或者不协调，变出不同的笑点。

比如：

"你是个好人，但咱俩不合适！"

"你是个好人，但是，我也想做个好人！"

"你是个好人，索性你就好人做到底吧，不要再来打扰我！"

3 自嘲是你的铠甲

自嘲是一种高级的幽默，本质就是用自己的不开心让别人开心，通过戏谑的方式把自己的痛点讲出来，让听的人在听到你的弱点和失败之后产生心理上的优越感，继而产生愉悦和开心的感觉。自嘲需要认清自己，更需要直面真相、戏谑调侃的勇气。自身的优越感是幽默最大的敌人。一个会自嘲的人，收获也是巨大的，一是自己不再玻璃心，变强大了；二是让别人没有了嘲讽你的空间，从这点来看，自嘲也是一种自我保护的方式。

自嘲就是要讲
自己的失败

我在前面讲过，幽默的机理之一是优越感。自嘲就是把自己的痛苦告诉别人，让对方产生心理优势，从而产生幽默的效果。也就是说，自嘲本质上就是吐槽自己的失败和痛苦。

大家可能觉得幽默的反面是乏味无趣，其实羞耻感也是幽默的敌人。如果一个人觉得羞耻，想隐藏某件事，反而会使气氛变得尴尬。相反，如果你是一个敞开、明亮、不掩藏的人，你更有可能成为幽默的人。

把你的不开心说出来，让别人开心开心

我们在跟别人聊天的时候，大多会说自己喜欢什么，擅长什么，但是自嘲刚好相反，自嘲的方向是"我很差""我很糟糕"。你要告诉别人的往往是你不擅长什么，或者搞砸了什么。你要把

你的痛苦以一种不那么正经的方式讲给别人听，让别人产生心理上的优越感，继而产生想要哈哈大笑的感觉。

痛苦是什么呢？痛苦就是那些让你失败的事情、烦恼的事情、困扰无解的事情。想想那些你夜不能眠的时刻，你都在想些什么，你就明白了。

痛苦会让你的段子产生深度，并且在深层次与受众产生强烈的共鸣。因为幽默的一个特质是，幽默很多时候是从负面情绪中体现出来的，痛苦在哪里，笑点往往就在哪里。

在生活中，关系很好的朋友之间总是喜欢互相打趣，有一句话流传很广："把你的不开心说出来，让我们开心开心。"这句话正好体现了上面的意思：自嘲就是戳自己的痛点，把优越感留给别人。

所以，那些让你难堪的、尴尬的甚至痛苦的经历，都是非常好的自嘲素材。

> 我的一位朋友请我去讲课。她介绍我的时候先问大家："你们都看过《老友记》吧？"大家都很期待地举起了手。然后她说："李新的老师就是《老友记》的导演。"你看，她这么介绍我是好心，但是其实还挺尴尬的。因为你要真牛，别人得这样介绍你："你们看过《老友记》吧？李新就是《老友记》的导演。"或者："你们看过《老

友记》吧？李新就是《老友记》导演的老师。"所以我上台之后说："谢谢主持人，她已经很努力了。我发现，当别人在介绍你的时候，只能夸你的老公、老婆或者老板，你就知道，你其实做得太不好了，让别人都找不到点来夸你。"

观众听了大笑起来。

你看，没有做出过什么有名的作品，是我作为创作者的一个痛点。我通过"让别人介绍我的时候没有什么可介绍的"这样一种方式，把这个痛点说出来，让观众哈哈大笑，这就是自嘲。

为什么要学会自嘲

我们为什么要学会自嘲呢？因为想要自嘲，自己的内心必须强大，敢于直面失败和痛苦，还要敢于勇敢地当众把它说出来。这要求我们对自己的痛点有一个清醒的认知，知道自己真实的短处和缺点在哪里，然后去跟听众分享。所以自嘲的本质是自我接纳，而自我接纳是自我成长很重要的一部分。能与自己和谐相处，会让你成为更完善的人、更快乐的人，幸福指数飙升。

如果是针对自己的失败反复自嘲，会让你在遭遇挫折时的心理反弹能力不断增强，对失败脱敏，再遇到类似打击的时候，你就能很快恢复过来，你会变得越来越自信，挫商越来越高。所以，自嘲是一件对自己很有帮助的事情。

但自嘲并不是一件容易的事情，因为从人类深层次的需求来讲，每个人都希望自己被关注、被尊重，以获得满足感和安全感，而自嘲是把自己的弱点和短处赤裸裸地展示给别人看，不仅会让自己难堪和痛苦，还有可能影响自己的形象。所以，我们愿意冒犯和攻击别人来制造幽默，却不敢攻击自己。

然而，你不痛，观众就不痒。你不戳自己真实的痛点，你的交流和幽默就没有真情实感，很难真的打动听众。其实，适当的自嘲不仅不会影响你的形象，还可能因为你展示了人性的真实和脆弱，让听众觉得你是一个不设防的人、很真的人，从而使你更容易被听众接受。

可以通过自嘲来自吹

其实，自嘲的好处有很多。自嘲也不完全是戳自己的心窝，让别人开心。有时候，你可以通过自嘲来自吹一下，这种方式既不会让对方反感，还能很好地表现自己。

现实生活中的很多时候，你必须得让人了解你有多厉害。比如当你面试的时候，你需要告诉面试官你有多优秀；当你推销产品的时候，你需要告诉客户你的产品有多好；或者在同学聚会的时候，你需要让你的同学了解你很厉害……你怎么能做到自吹的同时还不让别人反感呢？答案就是通过自嘲来自吹。

具体的技巧你可以套用第 2 章的段子公式：段子 = 铺垫 + 包袱。前面你要正经地陈述一个值得你吹嘘的事实，后面你需要调侃自己一把，你就可以堂而皇之地把这个事情说出来了。

比如，你们公司今年业绩傲人，你就可以这样说：

> 我们公司在今年一不小心又行业第一了！哎呀呀，又膨胀了，又膨胀了。

你看，你只要用"又膨胀了"自嘲，点出自己在自吹，就不会引起别人的反感了。需要注意的是，这样自嘲的时候，一定要注意前后的情绪要有一些反差。前面的语气要够浮夸，够扬扬得意，后面要故作自我批评姿态。

自嘲是一件真实的事情，需要你诚实面对自己。只有自己真实的痛苦，才能引起别人的共鸣。所以，关于自嘲，我有几点建议：第一，接纳自己的不完美，敢于把自己的弱点展示出来；第二，用自嘲帮助自己成为受欢迎的人；第三，可以利用自嘲巧妙自吹，表现自己的实力。

自嘲第一步：
建立不易崩塌的人设

那么，要学会自嘲，第一步应该从哪里开始呢？我建议你从学习给自己一个人设开始。人设，就是人物设定，简单来说，就是你想给自己贴什么标签，你想在公众面前展示一个什么形象。你的家乡、你的职业、你的生活状态、你的特殊经历都可以作为你的标签。你的标签越有个性、越独特，你在通过人设展现自嘲的时候，就越容易令人印象深刻。

自嘲的时候，要给自己设立一个不易崩塌的人设。所谓不易崩塌的人设，就是你给自己打造的形象不能被自己的言行摧毁。一些明星给自己设定了"好男人""好爸爸"的形象，结果被爆出轨，这就会导致人设崩塌。再比如，一些名人给自己知书达理、温文尔雅的知识分子人设，结果在公众场合对助理发脾气、甩脸子，因为言行举止不够有涵养导致舆论大哗，这就是人设崩塌。

因为每个人都有不完美的地方，所以比较稳妥的做法就是不要设计太完美、太高大上的人设，一旦你的言语和行为与这个人设所拥有的社会行为规范不符，就会造成人设崩塌。而且，高大上的人设不是增加别人而是增加自己的优越感，所以也不太容易产生幽默的效果。你可能会说，如果我就是被架上去有了这样的人设怎么办？那你就要时常通过自嘲消解一下这个完美人设咯。

那么，具体在设立自己的人设的时候，需要怎样设？又需要怎样维护已有的人设呢？

从人性的弱点出发，避免高大上的人设

人性中共有的一些永恒的槽点都可以作为你的人设，只要符合你的真实情况，比如穷、丑、矮、胖、笨、懒、没成就、没出息、单身等。大家会发现网上流传很广的段子大多是从这些角度出发，这说明了人性的相通。

比如：

> 谁说成年人的世界没有容易二字？容易胖，容易老，容易头发变稀少，容易困，容易丑，容易变成单身狗，容易加班没补贴，容易失眠一整夜！

有些喜剧演员即使在成为明星、功成名就之后，仍然喜欢吐

槽自己穷，因为这是一个讨喜的做法。

比如，一个人自嘲说：

去年我给自己定了存款3万的目标，掐指一算，还差5万。

自嘲穷特别容易被人接受，因为现在大家的生活压力都特别大，如果一个人听到有人讲自己穷，就会产生优越感，由穷、生活压力大产生的压抑也就得到了释放。

人设要忠于自己的真实情况

人设要诚实，要忠于自己的真实情况，不要为了维护自己的好形象，刻意抬高自己。当然，也不必为了自黑，故意贬低自己。你只要找到自己真正的弱点和痛点，把它作为你在幽默时的人设就好了。刻意抬高或者贬低自己，会让别人觉得你不真实，也不真诚。比如，你本身婚姻美满，却非要给自己立一个怨妇的形象，别人就无法感受到你的幽默了。

或许你会说："我各方面都很好，怎么根据自己的真实情况设立不易崩塌的人设？"其实，没有一个人是完美的，任何人都有弱点。比如，你有严重的拖延症，那么，你就可以给自己设定"拖延"这样一个人设，并用这个人设进行自嘲。再比如，你还可以设定"我就是渴望认可""我就是喜欢刷存在感""我就是因为自卑才有偶像包袱"等人设。你要面对真实的自己，放低自己的姿态，让别人有优越感，这样才能有幽默产生。

当然，你的生活肯定比你自嘲的要好，所以一个爱自嘲的人总能给人惊喜。自嘲，是一个永远能让人立于不败之地的幽默技巧。

不断丰富自己的人设

一旦给自己设立了某种人设，就要努力去丰富这个人设，通过不断地往这个人设中添加各种故事和细节，让这个人设变得更丰富、更立体。

比如，你给自己设定的人设是懒，说自己是一个"晚期懒癌患者"，那么，你可以这样跟别人讲你的故事：

> 我喜欢一个女孩，可是一直懒得向她表白，昨天终于打起精神，向她女儿求婚了。

通过不断地这样加料，你在别人眼里的形象，就会慢慢与你给自己设定的人设相重合。

丰富人设的第二个意思，是你可以建立多个人设标签。你的家乡、职业、名字等等，都可以作为设定人设的方向，只要听起来有特色或有槽点就行。

总结一下：我们在建立人设的时候，首先不要把自己抬得太高，要从自身的弱点和缺点入手；其次，要忠实于自身的真实情况，不要刻意抬高或贬低自己；最后，如果想让自己的人设长久存在，就要不断进行丰富和添彩。做到了这些，我们就建立好自嘲用的人设标签了。

自嘲的技巧和方法

那么,具体的自嘲技巧和方法有哪些呢?我给大家介绍三个好用的自嘲技巧。

夸 张

夸张,就是把你的弱点或者你为自己设定的人设放大再放大,放大到一个荒诞的、不可信的程度。

比如,形容自己笨,可以这样说:

如果说吃鱼会让人变聪明,那我至少得吃一对鲸鱼。

还有:

我多白你知道吗?我家晚上都不用开灯。

你可能注意到了，要运用夸张这个手法，最好是顺着你的槽点，发展出一个故事或者情景，在当中找个细节夸大。比如我有一个自嘲丑的段子：

> 我有个同事一撒谎就按塑料膜上面的空气眼。有一次我问他："你觉得我好看吗？"他说："等一下。"转身拿了一张塑料膜。

还有，用夸张的技巧时，一定记得要把槽点夸张到不可能的程度，才能产生可笑的效果。否则别人会以为你真的为自己的缺点伤心，认真过来安慰你就不好了。

比　惨

我在前面说过，自嘲就是让对方有优越感。所以如果你能和对方比惨，你比对方差，就能让对方产生优越感。"比惨"是相当好用的一个自嘲方法。

> 有一次我们商学院的同学聚会。其中有一位同学企业经营得很不错，但这位同学每次都很谦虚地说"我们小微企业"怎样怎样。轮到我做自我介绍的时候，我是这

> 样说的:"如果你做成这样还叫小微企业,那我就是微商。"

我在这里嘲笑自己不行,用的就是"你行我不行;你不行,我比你还不行"的思路。

再举一个例子:

> 朋友说:"李新老师,有很多明星跟您学习幽默,您很厉害啊!"我说:"是是是,我教过很多的明星,像巩俐啊、韩寒啊、黄晓明啊、Angelababy啊,(停顿)我都还没有教过。"

我们经常说一句话:"对自己要狠,对别人要忍!"自我嘲笑要不遗余力,把自己放低再放低,你都把自己放得这么低了,吐槽得这么狠,别人就不好意思了,也没有空间吐槽你了。所以,自嘲其实也是一种自我保护。

利用发散思维,颠覆跟自己相关的刻板印象

自嘲不一定只针对自己的弱点,还可以利用发散思维,找到跟自己相关的刻板印象进行自嘲。这个最明显的例子就是地域刻板印象。

比如,提起山东人就会联想到山东人爱喝酒,内蒙古给人的

印象是人人都骑马。再比如，我是广西人，大家会联想到广西人爱吃狗肉。这些刻板印象都是很粗浅的地域标签，是人们在不了解一些事物时的片面概括，是误解和成见。

如果你在自嘲时，能调侃这个刻板印象，把它放大到一个夸张的程度，就会让人感觉好笑，还能帮助人们修正对你的家乡的认知。

比如：

> 有朋友吐槽我说："你们广西人都爱吃狗肉。"
> 我说："是的，我们广西人就是爱吃狗肉，我给我的小侄子送了一只宠物狗叫'淘气'，小侄子接过小狗，开心地问，今晚'淘气'是红烧还是清蒸啊？"

这个段子利用人们对广西人爱吃狗肉的刻板印象，顺着人们的联想，把这个刻板印象放大，夸张到一个荒诞的程度，推出一个不可能出现的结果，让人哈哈大笑。

脱敏训练，
强大你的内心

一般来说，有一种人很难做到自嘲，就是有偶像包袱的人。

有偶像包袱的人，会因为有顾虑，在社交场合放不下身段，结果把自己搞得很尴尬。有偶像包袱的人比较担心别人看到自己不完美的一面，害怕真实的自己跟别人眼中的自己差距过大。有偶像包袱的人为什么会那么在意别人的想法呢？因为他们觉得仅有自己对自己的认可是不够的，还需要别人的认可。说到底，不敢正视真实的自己，不接纳自己，不就是不自信吗？有偶像包袱的人，往往也会有自卑心理。

在喜剧中有这样一个原则：越脆弱，越勇敢。就是说，越不把自己当回事，越不怕暴露弱点，越不怕袒露内心真实感受的人，内心就越强大。

美国总统林肯的长相谁都不敢恭维，他本人也不避讳。在一次竞选活动中,有人在底下喊道:"你是个两面派!"林肯回应道:"你说我有两张脸,大家说说看,如果我有另一张脸的话,我会用这张?"

相信你也很羡慕林肯内心的强大,你也很想学会自嘲。那么,如何让自己的内心变得强大呢?这就需要我们做一些针对自身痛点的脱敏训练。

弱点清单:你哪里不行?

敢于自嘲的人,都能清醒认识自己的弱点,而且可以坦然接受弱点并勇敢将其说出来。所以,自嘲训练的第一步,就是找到并接受自己的弱点。

回想一下，你对自己性格中的哪个部分最不满意？你对自己的外貌哪里最不满意？你对自己的现状哪里最不满意？

比如，外貌的矮、胖、丑；生活或工作中的单身、工资低、职位低；性格中的懒散、虚荣、不自律等。

拿出一张 A4 纸，尽可能多地列出上面三个问题的答案，这些答案基本上就是你的痛点。看看这些答案中，哪些是最让你羞愧、难过、不好意思、不想对外人说的，把这些痛点打上钩。每天吐槽其中的一条，尝试把这些痛点反复暴露在别人面前，你就会接纳自己的这个痛点。当别人再用这个痛点吐槽你的时候，就不会刺痛你，这个时候你就脱敏了。

比如，你的腿很粗，你对此很自卑。根据这个痛点，你给自己一个自嘲的段子：

我的腿真的很粗。那天我去游泳，才下去一条腿，游泳池里的水就溢出来了一半。

这个段子用夸张的方式，把你腿粗的缺点放大到了荒诞的程度，这样别人在哈哈大笑的同时，也就没有了吐槽你的欲望和空间。因为他再吐槽你就没意思了，旁观者会觉得他太刻薄，再加上他临时想的段子也未必能比你精心设计的好笑，当他顾虑到这些的时候，自然就会偃旗息鼓了。

久而久之，你会发现你与他人的关系变得不一样了：在你自嘲之后，别人不再嘲笑你，你也不再害怕别人的嘲笑，你的内心变得强大了，很快你就会爱上自己的粗腿、小眼和平胸。你会发现做一个有特色的人要比做一个完美的人有趣多了！

自嘲是一种扮演

自嘲其实嘲笑的不是 100% 的你，而是你放大自己身上的某一个痛点、某一个面相，你针对这个痛点或者面相反复自嘲。所以，你要意识到，你自嘲的时候，其实是放大了这个痛点或面相，它以你为原型，在扮演一个很像"你"的角色。在自嘲的时候，容易出现三种人设式段子。

1. 用自吹自擂来自嘲

用自吹自擂来自嘲是很适合男性使用的一种自嘲技巧。注意，用自吹自擂来自嘲时要找一个自己本身没有的优点，或者即使有也不是很突出的优点，浮夸地赞美自己。

如果帅是种罪，我想知道我被枪毙一万次可以弥补我所犯的滔天帅罪吗？

> 见到我之后你才发现，原来帅是这样具体啊！

> 我很丑，但为什么就没人相信呢，愁啊！

注意，这几个笑话要是吴彦祖说，就不那么好笑了，曾志伟说才好笑，因为后者夸张的幅度更大。所以，自吹自擂的最佳方案是要找一个自己完全没有的优点，这就是我们常说的"说反话"。

> 每次我照镜子都很感慨，不要说男人，我都很想追自己！

说完别忘了和大家一起大笑来说明你不是认真的。当然了，如果你是林志玲，这个笑话就不适合你了。

2. 打脸梗

顾名思义，"打脸梗"就是说一套做一套，自己打自己的脸。也就是说，你前面要立个旗帜，塑造自己高大伟岸的形象，后面你要用一个细节暗示自己有多屌，把形象毁掉。打脸梗的基本幽默原理是用前后矛盾来形成意外感。比如：

> 我曾经得过精神分裂症，但现在我们已经康复了。

> 在我们家，大事都听我的，小事听我媳妇的。不过，除了世界和平是大事，其他事在我们家都是小事。

3. 自我污名化

自我污名，也可以说是自毁形象，或者选择一个大家避之唯恐不及的角色，故意把自己矮化、丑化、愚蠢化。看这两个段子：

> 一寸国土都不能丢，谁知道会长出什么好吃的。

> 很多女孩都说等玩够了就找个老实人嫁了。我代表老实人问一句，你们怎么还没玩够？

第一个段子，暗示自己是个吃货。

第二个段子，暗示自己是个受欺负的老实人。

人设式段子，大多是刻意把自己的人设进行拉低和丑化来自嘲，让听者产生优越感，从而开心大笑。这种自黑式的表达，需要你内心强大。如果用得好，不仅可以产生幽默的效果，还可以锻炼自信，是一种很有实际意义的幽默技巧。

人设式段子有两点需要注意。第一，你给自己设定的应该是一个你能舒服地去夸大的面相。无论你选吹嘘、错乱还是选装屄，最好选你能舒服地扮演的角色，而且选了就要豁出去扮演，否则自己会别扭，听的人也会很尴尬。

我有位脱口秀演员朋友，有段时间说了很多大男子主义的段子，他自己觉得很别扭，反思后发现自己其实非常尊重女性，从心底不认可那些吐槽女性愚蠢、麻烦、唠叨的段子。也就是说他心里完全没有那个面相。他后来调整了自己的笑话，用比较真实的方式来呈现自己和女朋友生活时的困惑，反而更幽默了。

第二，使用这些人设式段子，因为都是自嘲，所以可以组合使用。你可以今天自吹，明天装屄，变换自嘲自黑的多种方式。

失败的可能性清单练习

自嘲是一种自黑，需要锻炼自己的内心，"失败的可能性清单练习"可以帮助你把自己失败的所有原因都找出来，用它们刺激自己的内心，让内心变得强大而有弹性。"失败的可能性清单练习"就是针对一件失败的事情，把你能想到的一切可能的原因一一列出。其中每个可能性，都是段子的一个发展方向，而且越糟糕的方向往往代表喜感越强烈。

我们试着做一个练习，把一个人大学没毕业所有可能的理由列一个清单出来：

- 打了校长的女儿，所以没毕业。
- 考试忘记打小抄，所以没毕业。
- 中途退学了，所以没毕业。
- 毕业证太丑了，撕了，所以没毕业。
- 舍不得食堂的饭，所以没毕业。
- 不放心学妹，所以没毕业。
- 毕业典礼睡过头了，所以没毕业。
- 租不起房，所以没毕业。
- 论文掉马桶里了，所以没毕业。
- 校花没毕业，我也不毕业。
- 食堂缺个打饭的，所以没毕业。
- 马云叫我去创业，所以没毕业。
- 上错学校了，所以没毕业。

当然，并不是每个失败的原因都能成为笑点。一开始，大家想到的答案往往是一些比较正常、普通的，不太容易令人意外，比如"考试忘记打小抄"。但是随着思考的深入，在你列到第三条、第五条的时候，往往会出现一些离谱、出挑的答案。逼迫自己多想，清单越多越长，出现笑点的概率也就越高。

好,现在我换个题目,你来完成这个清单:两个人谈恋爱,最后没有成功,有多少种可能呢?

我先抛砖引玉:

- 女朋友治好了近视,所以分手了。
- 不想让未来的孩子姓"苟",所以分手了。
- 夏天太热买不起空调,所以分手了。
- 情人节送的是菊花,所以分手了。
- 半夜口渴不小心喝了女朋友的SK-II,所以分手了。

请你在下面的横线上接力。

_____
_____
_____
_____
_____

生活中大大小小的事情,都可以拿来做这样的失败清单练习。记住,这个练习的核心是要讲失败的事情,讲失败的更多可能性。

这个练习的每个槽点,既可以用来自嘲,也可以用来吐槽别人。

近年来流行一个词：挫商，即一个人承受挫折的能力。自黑和自嘲可以帮助我们提高挫商。这是因为，当你把自己的痛苦和尴尬大大方方讲出来以后，这种表达和宣泄可以慢慢让你放下痛苦和尴尬。长此以往，当你再遇到挫折打击的时候，就不会再那么玻璃心，反而会变得很坚强，你在放下自己的同时，还娱乐了大家。这就是幽默的力量。

本章小结

1. 自嘲是讲述自己的失败，是吐槽自己的痛点让别人开心，所以，自嘲是一个勇敢者的游戏。

2. 把自己在某一方面的弱点作为人设进行自嘲，不易造成人设崩塌，从这个角度讲，自嘲对于自己更安全。

3. 自嘲也需要技巧和方法，夸张、比惨、利用刻板印象是三种常用的自嘲技巧。

4. 敢于自嘲的人都是心理强大的人。找到自己人性中的弱点，把它作为固定人设反复吐槽自己，或者从自己失败的事情中找到尽可能多的原因，做"失败的可能性清单练习"，对自己进行脱敏训练，让自己的内心真正强大起来，是自嘲的基础。

练习作业

把自己的一个特征作为槽点，比如"丑"，夸张一万倍进行自嘲。我先给你一个原创段子，抛砖引玉：

我爸让我去喂鱼，鱼一看见我的脸就扑棱着跳进了油锅里。都怪我啊，是我把它丑死了！

4 要想吐槽，你要先了解人性

我们已经进入了一个全民吐槽的年代，无论是B站弹幕、微博帖子，还是微信公众号下面的评论，都是网民吐槽的汪洋大海。吐槽就是从对方的语言或者行为中找到一个漏洞或者关键词作为切入点，戏谑地表达对某个人或某件事的看法。吐槽的本质是通过发表观点，让自己内心由这个人或这件事引起的不好的情绪反应得到宣泄和释放，听众也因为在别人的吐槽中找到共鸣而情绪得到释放，并产生愉悦和宣泄感，幽默也就由此产生。所以，吐槽本质上与人性有关。要想吐槽，先要了解人性。

所有吐槽都是一种情绪释放

吐槽从本质上讲是一种情绪的释放,因为一些人或者一些事触犯了你内心的禁忌,让你心里产生愤怒、羞耻、难过等不舒服的感觉。吐槽就是借助表达观点来表达情绪,是为了让自己内心强烈的情绪得到宣泄和释放。

吐槽中的情绪释放包括两个方面的意思:第一,让自己的情绪得到释放;第二,你的吐槽引发别人的共鸣,让别人的情绪得到释放。

让自己的情绪得到释放

吐槽是一种情绪的表达,当我们认为自己受到了伤害,或者我们的某些观点遭到了反对,或者面对实现目标的障碍时,愤怒的情绪往往会不期而至,让我们想要把这种情绪发泄出来。虽然愤怒是一种负面情绪,但是从吐槽的角度来说,它却是一种很好的驱动力。我们说过,哪里有愤怒,哪里就有笑点。

比如我这样说:"讲别人的段子有什么意思啊!"这句话就带有愤怒的情绪。它反映了我的立场:段子应该是经过自己的辛勤打磨,表达自我才有意思。

> 那些好多年不联系的老同学,能不能别发链接让我帮你砍价了。一斤砂糖橘你买不起啊?你结婚的时候我随份子钱,你生孩子的时候我包大红包,现在你的孩子都会打酱油了,你还为了砍两毛钱联系我,我就想问问,我到底要支援你到什么时候?
>
> 年纪不小了,孩子,做人得学会独立。以后,在没有我的日子里也要多吃水果。

这段吐槽很多人都有共鸣,当你对老同学以诚相待,对方却只想着利用你。"你跟她掏心掏肺,她对你没心没肺"是不少人跟老同学失联多年后再交往的遭遇。这段吐槽很好地帮助大家释放了这样的气愤情绪。

让别人在共鸣中得到情绪的释放

吐槽可以说是"不平则鸣",在宣泄自己情绪的同时,也为受众提供共鸣点,让社会情绪得到释放,产生宣泄感,从而产生幽默的效果。

能够引起受众共鸣的吐槽,常常砸中的是公众槽点。公众槽点常常是社会焦虑所在,也可能是一些不公平,它突破了人们内心价值观的边界,触犯了人们内心的禁忌,让人们内心感觉不舒服。这个时候看到别人的吐槽说出了自己的心里话,自己的情绪也会得到释放。我在前边说的论坛上、B站上弹幕的吐槽,会在瞬间收获无数赞,就是因为这些吐槽戳中了大众内心的情绪痛点。

比如,借钱是一件普遍令人苦恼的事情。不仅借的人尴尬,给的人也很尴尬。比如,要不要写借条,要不要规定对方什么时候还,甚至很多人最后苦心积虑得求着借的人还回来——所谓的债主是大爷说的就是这个。我的同事郭敏就这个事情有过这样一段吐槽:

> 我特别讨厌朋友找我借钱,因为你一旦借给他,你们就没办法再做朋友了。假如他是个敏感的人,你说每句话之前都要考虑一个问题:我这样说了,他会不会觉得我是在催他还钱?如果他是个暴躁的人,你说每句话

之前要考虑另一个问题：我哪句话说得不合适，他还会还我钱吗？所以这件事情特别讨厌，我都怀疑那些找我借钱的朋友不是真的缺钱，而是想跟我绝交。

表达自己的攻击性

我们在生活中经常遇到这样的事情，在众人面前被同事或者朋友嘲笑了，直接翻脸怼回去显得自己不大度，不怼回去心里又感觉很憋屈，怎么办？运用幽默的吐槽可以帮你解决这个问题。抓住对方的痛点幽默地吐槽一下，让对方有苦说不出，这样既没失了表面的和气，也让对方知道你不是那么好欺负的。我们来看一个例子：

咪蒙的助理黄小污月薪 5 万，一个多年没见面的老同学出于嫉妒的心理，竟然在微信上跟黄小污说："挣这么多钱，别等不到花，人就没了！"

黄小污非常生气，刚好傅首尔到咪蒙公司拜访。大家请教怎么怼回去，傅首尔给黄小污的方法是："你又不是兔子，你的眼睛为什么这么红！"

"你又不是兔子，你的眼睛为什么这么红！"这句话怼得非常精彩，没有直接爆粗口跟对方争执，却让对方一下子领教了黄小污的厉害。

你看，通过吐槽，你不仅表达了自己的愤怒，也让听众在你的段子中找到共鸣，让他们的情绪得到了释放。

从"被压抑"的人性中找槽点

所有的吐槽都可以从这样几个方面来寻找槽点:

永恒槽点:人类最原始的恐惧

虽然世界日新月异,每天发生在你周围的事情林林总总,千变万变,但是槽点大部分是不变的!你看网上的段子,永远都在吐槽穷、懒、矮、丑、胖、老、秃头、单身、没出息、没成就等等。为什么会这样呢?这要回到人类最原始的恐惧:穷和懒会吃不饱,丑和胖会无法吸引异性……这些都是人性最原始的需求和最大的恐惧。这些弱点是人类集体无意识的深层禁忌,要吐槽,就要把落点落到人性永恒的槽点上。

比如,一位脱口秀演员这样跟观众互动:

> 他问:"你觉得早结婚好还是晚结婚好?"
> 如果观众答:"晚结婚好。"
> 他会接:"那是因为你穷!"
> 如果观众答:"早结婚好!"
> 他会接:"那是因为你更穷!"
> 如果观众搞怪说:"我不结婚。"
> 他会说:"看得出来,结不起吧。"

你看,无论对方回答"是"或"否",最终的结果都是落到"单身"和"穷"这两个永恒的槽点上。

人性中被压抑的部分经常是我们不愿提及的痛点,但是这些痛点也正是人性中需要被释放的部分,所以,从这些痛点中找到槽点,让听众从中找到共鸣,在心理上产生宣泄感,幽默才能产生。

非理性槽点:寻找行为上的"脱线"

除了永恒槽点,还有一种槽点叫"脱线行为"。

任何事情都有一个普通人能够接受的正常逻辑和范围,超出这个逻辑和范围,就等于脱离了公众普遍认可的标准线,可以被认为是非理性行为的脱线行为。"脱线行为"是很好的槽点。

比如，王健林说的"一个亿的小目标"，对于普通人来讲，就是脱线的地方，就可以作为吐槽的槽点。

举个例子：

> 在一个节目中，大山与观众席中的年轻人聊起自己的情况："我特别喜欢跟90后在一起，我还是两个90后的爹呢。"观众席中有观众开玩笑说："干爹吗？"大山回答："亲爹好不好。谁说的干爹，我可没那么大本事！"

"干爹"作为一个被"黑化"了的形象，是社会的一种脱线行为，大山自贬没有资格做"干爹"，正话反说，便产生了幽默的效果。看来，大山的中文水平又上了一个台阶。

这些都是小的脱线行为，从生活中观察到一些异常的脱线行为，你就找到了槽点。

我喜欢的一个微信公众号叫"英国那些事儿"。这个公众号每天会搜罗全球发生的有趣的甚至匪夷所思的新闻，比如"老太太卖掉资产干脆住进游轮，每年花上百万环球旅行养老""日本政界大叔沉迷Cosplay""阿联酋土豪打算花10亿从南极运一座冰山回家"……提供了很多脱线行为供网友吐槽。

另外一些吐槽集中的地方有百度贴吧、B站弹幕，大家可以找来看看。

特色槽点：职业和身份的特殊性

身份和人物关系上的不协调，就是利用身份和人物关系的特殊性，制造出一种不合常理的、奇怪的身份和人物关系，作为槽点。比如，警察、教师等职业比较特殊，那么与这样的伴侣或男女朋友相处的时候，就可以在私人关系中加入职业的元素，从而产生一种不一样的关系。

我的朋友、脱口秀演员宋启瑜有这样一个段子：

> 我女朋友是个警察。她工作挺忙，跟我说得最多的一句话是"下班后到派出所来一趟！"还有我吵架得让着她，否则一动手，她就大喊："不好，有人袭警了！"当然我也不怕她动手，她一动手我就喊："警察打人了！"

除了职业上的特殊性，还可以利用一些关系上的特殊性，比如女婿与丈母娘之间的关系就是一个很适合吐槽的槽点。

> 女孩问男孩："你能保证以后就喜欢我一个吗？"
> 男孩忙不迭地回答："会会会！"
> 女孩说："你怎么保证？"
> 男孩说："因为找两个女朋友就会有两个丈母娘，可

是一个丈母娘我都伺候不起啊!"

特殊的身份和人物关系的不协调,本质上也是一种脱线行为,只要你在生活中多多观察,就能发现很多有意思的槽点。

吐槽的技巧和方法

吐槽让情绪得到释放,让听众从中找到共鸣,继而产生幽默感。但是,吐槽并不是想怼谁就怼谁,想骂谁就骂谁。恰当的吐槽,既释放了自己的情绪,又让听众感觉自己的痛点被说中,在心理上跟你产生共鸣,从而产生幽默的效果,这样的吐槽才能被大家接受。所以,吐槽也是有技巧和方法的。下面给大家介绍几种常用的吐槽技巧。

二度联想

二度联想就是你从事件当中找一个词 A,做一次联想,联想到词 B,然后再做一次二度联想,联想一下 B 的槽点是什么,最后,把这个槽点和事件再连回来。举个例子:

我的朋友发了一条朋友圈,说昨晚做了一夜梦,梦见自己被杀了，差不多是300块密室逃脱剧本杀的级别。

你可以吐槽说："不错呀，躺着就把钱赚了。"

这里就使用了二度联想技巧。"做梦"就是我们说的事件当中的词A，你联想到"躺着"（词B），然后你再想，躺着有哪些槽点呢？——"躺着把钱赚了"。前面加上个"不错呀"，表达你的情绪，你的吐槽就有了。

二度联想这个技巧说明幽默是一种发散思维，找到一件事的关键词，从这个关键词发散思维，进行联想再联想，就可以轻松获得吐槽技能。

"5W1H"分析法

"5W1H"分析法中的5W就是Why（为什么）、What（发生了什么）、Where（在哪里）、When（什么时候）、Who（谁），1H就是How（怎么干的）。

"5W1H"是一个吐槽新闻的技巧。新闻是很多人聚在一起时的谈资，如果你能做到恰当地吐槽，不但会让你显得很有见识，还能增添很多欢乐气氛。

我们来看这条新闻：

4 要想吐槽,你要先了解人性

> "女子为网恋男友自拍着迷,汇款85次,约会被放鸽子"

读者朋友可以跟着我一起看看怎么用"5W1H"来吐槽。Why——为什么?她为什么会被骗呢?你可以这么吐槽:

> 色欲不仅熏心,还烧钱。

> 不是他不想见你,是你汇的款不够他整容。

What——发生了什么?你需要补充未讲出来的新闻细节,当然这个细节需要你顺着故事逻辑和人物逻辑适当夸大。你可以这么吐槽:

> 第86次的时候连骗子都过意不去了,把她拉黑了。

Who——谁?根据新闻的细节推断主角是什么样的人。你可以这么吐槽:

> 被骗85次都不长记性,姑娘你是金鱼变的吧?!

当然你也可以吐槽其他新闻当事人，比如：

> 这骗子是美颜相机的代言人吧？！

接下来的"Where""When"和"How"，分别需要你补充新闻中没有的地点细节、时间细节和具体情节，也就是骗子是怎么欺骗姑娘的。

有句话叫：学会5W1H，吐槽天下都不怕。以后，遇到你想吐槽的新闻，可以试试这种方法。

夸　张

夸张是自嘲和吐槽都可以用到的技巧，也是最容易学会的技巧，只要你会夸张，就会吐槽。比如：

> 我有个闺蜜话特别多，如果每句话可以变成一块铁，她每天都拖着至少一吨铁在路上走。

这里的槽点是话多，夸张为"一吨铁那么多的话"。看，只要你能把槽点夸张到荒唐的程度，就能产生幽默的效果。

需要说明的是，吐槽人与吐槽事是有不同的。无论是吐槽一件事还是吐槽一条新闻，吐槽不好，至多不幽默不好笑；但是，吐槽人的时候，如果有些问题注意不到，会给别人造成伤害，甚至会引发矛盾或冲突。所以，我们在吐槽人的时候，有一些事项需要注意：

第一，吐槽别人时要掌握好度。这个度不能太深也不能太浅，既要打到对方在意的痛点，又不能让对方太痛。所以，吐槽之前，你要知道对方的底线，看看你吐槽的点是不是对方真正在意的点。

第二，吐槽要看场景是不是合适、对方当时的情绪状态好不好，还要看你跟对方的关系、对方的性格等等。如果你不希望友谊的小船被打翻，最好不要让对方因为被戳中痛点而恼羞成怒。

第三，吐槽朋友的时候，必须掌握一个原则：要怀着善意开玩笑，不能把刻薄当有趣。尤其如果你的身份地位、颜值才华本来就优于对方，那么你的攻击性和冒犯很容易被当作刻薄。

美国黑人脱口秀演员克里斯·洛克说过这样一句话："拥有越多的人越需要谨言慎行。"一无所有的时候，你可以肆无忌惮地攻击别人。有身份有地位的人，吐槽时反而要小心。吐槽的真正目的不是贬损别人，而是出于善意，帮助自己和他人释放和消除负面情绪。

练习表达自己的攻击性

吐槽的能力可以通过日常练习来提高。通过观察生活中的不同事物，寻找引起人们情绪波动的事物，在这些事物中寻找可以成为槽点的关键点和关键词，作为吐槽的槽点，把自己内心的情绪和攻击性通过这些槽点表达出来。下面给大家介绍两种吐槽训练的方法。

细心观察，从生活中发现槽点

吐槽是一种愤怒情绪的表达，很多槽点都来自生活情境中的情绪，所以，细心观察生活，在日常生活中寻找可以引起自己情绪的地方，把这些点积累起来，作为吐槽的槽点，也是一种学习吐槽的方法。具体可以从这样几个方面寻找：

1. 从自己身上去观察

从自己身上发现让你愤怒的地方，相对来说要容易一些。其实生活中让我们觉得愤怒的事情很常见，比如下面几种情况：

> 挤公交车的时候被人踩了一脚，对方不但不道歉，还说在公交车上被踩很正常。

> 你加班加到很晚，想点个美食犒劳一下自己，结果餐馆老板告诉你，你最喜欢的 Sunday special 在 5 分钟前已经卖光了。

> 你在路边停车 5 分钟，上了趟卫生间，回来却发现被贴了罚单。

把这些让你愤怒的事记录下来，在需要的时候，从大脑里把它们调出来，作为一个铺垫，再利用幽默的技巧，给这些故事加一个梗，一个幽默的段子就产生了。比如有个段子是这样的：

> 我：服务员，你过来。
> 服务员：唉，怎么了？

> 我：我吹口气就能把这一箱啤酒都开了，你信吗？
> 服务员：不信。
> 我：不信你还不去给我拿开瓶器！

这个段子充分表达了人们对饭店服务员怠慢态度的不满，这个场景几乎是我们每个人生活中都可能遇到的，从类似这样的场景中发现的槽点，因为有切身体会，更容易引起大家的共鸣，幽默的效果也更好。

2. 从周围的人身上去观察

负面情绪是随处可见的，除了观察自己，你还可以观察你身边的朋友，看他们对什么事情发火，从而发现他们的槽点。

比如我的一位朋友在高速公路上开车时，通常会与前车保持20米的安全距离，但让他崩溃的是，永远会有人加塞。

这时你就可以这样吐槽：

> 很多人对车技好的理解就是敢加塞，说白了就是不怕被撞，拿别人的素质当自己的技术。

3. 从社会情绪上去观察

每个时代有每个时代的社会情绪，比如生活的压力：

> 每天要早起两个小时挤公交。
> 工资低，只能解决温饱。
> 老公不如别人家的能赚钱。
> 孩子不如别人家的争气，不像别人家孩子考上了清华北大。

这些共有的社会情绪，都可以作为吐槽的点。你可以通过下面这样的吐槽发泄你的情绪：

> 那些先富起来的人什么时候带我共同富裕啊？我对象都不等了，就等你！

还有一些愤怒的点更复杂、更犀利，就是人们会关注一些社会上普遍存在的、违背大众主流价值观和基本道德观的事情，讨论让人愤怒却又无可奈何的问题。这些有社会属性的愤怒点，也是很好的素材，而且这样的愤怒点产生的幽默，往往能够触动更多人的内心，引起共鸣，幽默感也更强。

凡事不顺眼练习

"凡事不顺眼"，意思就是你从身边的一切所见所闻之中，寻找不舒服、不寻常和不顺眼的地方。未见事，先挑错，把这些点全部挑出来并且放大。想象一下，我们从不同的人和事物中，找到能够被"冒犯"又不伤大雅的点，然后从这些点出发，把它们发展成好笑的梗。

我们先试着做一个"我讨厌……"的练习。

第一步，找一个你真的讨厌的东西，带着强烈的情绪说出来。比如："我讨厌那些临时放鸽子的人。"

第二步，诚实地告诉听众你讨厌的原因："他们这样做太自私了。"

第三步，如果这个你讨厌的对象就在你面前，你想对着他的脸说什么？"再这样你下半辈子就跟鸽子过去吧！"

现在我们把这几句话合在一起：

我讨厌那些临时放鸽子的人，他们这样做太自私了，再这样你下半辈子就跟鸽子过去吧！

你看，如果你是一个受了委屈也不敢为自己发声的人，那么这个练习就是你的专属练习啦。

幽默不光是你好我好大家好，很多时候，能够帮助自己和周围的人勇敢地点出问题，你的幽默才够犀利好笑。

本章小结

1. 所有的吐槽都是一种情绪的释放。在吐槽的过程中,你的情绪得到了释放。在听你吐槽的过程中,听众的情绪也得到了释放。

2. 所有的吐槽都离不开人性,人类最原始的恐惧是吐槽中永恒的槽点。除此之外,行为上的"脱线"和职业及身份的特殊性,也可以作为经常使用的槽点进行吐槽。

3. "二度联想""5W1H""夸张""利用不协调因素"是吐槽常用的技巧和方法。

4. 吐槽是一种内心攻击性的表现,"从生活中发现槽点",刻意在生活中挑挑刺,做"凡事不顺眼练习",更容易找到吐槽的槽点,表达自己的攻击性。

练习作业

对前面提到的"女子为网恋男友自拍着迷,汇款85次,约会被放鸽子"这条新闻中的"Where""When""How"进行吐槽。你也可以自己找一条新闻,用"5W1H"分析法做吐槽练习。

5 好的幽默来自对生活的洞见

高段位的幽默段子,能够从日常生活的表面发现事情背后隐藏的道理和真相,并以此启迪和影响其他人,这就是洞见。一个好的洞见就像一个悬念,人们听到时会在心里产生好奇,继而耐心地听下去。在最后谜底揭开的瞬间,听众的内心被意外感和宣泄感充满,幽默由此产生。

幽默需要洞见真相

在本书的第1章，我就讲过幽默需要洞见真相。从事情表面洞见到的道理和真相，甚至常常比幽默段子本身更容易被人记住。生活中那些有内涵的段子、那些高段位的幽默，往往会因为一个好的洞见，被人们牢牢记住，甚至经常被当作金句来使用。

比如曾经流行的那些段子，很多其实就是个洞见：

> 怀才就像怀孕，时间长了总会藏不住的。

> 男人的穷就像女人的胖一样，不能被容忍。

洞见在影视作品中大量出现，经典电影的经典台词很多也是洞见。比如：

人生和电影不一样，人生辛苦多了。

——《天堂电影院》

亲近朋友，更要亲近你的敌人。

——《教父》

恶魔最成功的诡计就是让你相信它不存在。

——《非常嫌疑犯》

当人们听到洞见的时候，大脑其实是接收到了一个意外的信息，这个意外信息吸引听者愿意耐心听下去。一个好的洞见，会让听者在听到最后的时候，产生一种"哦，原来是这样啊！"的感慨，同时内心产生满足和愉悦的感觉。让别人感觉有趣且有内涵，这就是洞见的幽默所在。

一般来讲，洞见有这样几个特点：

独特性

洞见必须源自独特的视角和观点。大家都烂熟于心的俗语，或者主流媒体上的老生常谈都不能成为洞见。

我在网上看到过这样一个洞见：大家都以为，越容易相信人，就越容易被骗，其实，越不容易相信人，才越容易被骗。

因为越不相信别人的人，对这个世界越缺乏安全感，他们的恐惧心理越容易被骗子利用。这就是一个独特的反常规的洞见。

原　创

洞见需要独特的视角。但是，洞见不一定都要反常规，而是一定要没有人说过。从这个角度看，有一个观点我十分认可："同样一句话，第一个说的是天才，第二个说的是庸才，第三个说的就只能是蠢材了。"所以，洞见如果不是从你自己的脑袋当中生长出来的，你就不要说。

真　实

洞见需要真实性，然而有很多洞见是假的。所谓的真实，就是你形成的这个洞见要能够说服别人，让人们认可你说的确实是那么回事儿。

能形成共鸣

你的洞见，要能够与听的人形成共鸣。没有共鸣，别人就听不懂，你的洞见就没有意义。

比如：

幽默感

> 每个人好像对生活都存在不满,但是要是让你和其他人交换生活,好像你也不愿意。

这个洞见就是比较容易引起别人共鸣的洞见。听到这个洞见,大多数人都会下意识地想一下,然后恍然大悟地发出"确实如此"的感慨,幽默由此产生。

有了洞见,幽默就有了更深的内涵,就更容易激起人们内心的波澜,引发共鸣,从而产生更强的幽默感。而且,有洞见的段子,往往因为说出了别人内心的感触,让人在开心大笑之后,能够记住段子并将其分享出去,从而产生影响人的思想和观念的社会意义,体现段子更深层次的价值,这也是幽默的高级功能。这样的幽默,也达到了幽默的更高段位。

洞见需要独特的视角

独特的视角，指的是有趣的、反常规的视角，从这个视角看问题，你会发现这个问题或事件的逻辑与真实的逻辑不一样。一个已经被盖棺论定的问题或事件，当你换个视角去看的时候，你会产生一个新的观点。

转换思维，寻找独特的视角

我在前面讲过，幽默本质上是思维方式的改变，所以，想要幽默，你首先要把思维转换过来。当你的思维角度改变的时候，你就更容易发现有趣的视角。

《奇葩说》这档节目很受欢迎，拥趸众多，究其原因，就是节目里有很多新奇的观点，这些观点展现了这个世界的多元，启发人们去思考。

比如，《奇葩说》选手傅首尔在"混的 Normal（一般）要不要参加同学会"这个辩题中，打破了人们混得一般就不去参加同学会的认知，提出混得一般，更要去参加同学会：

> 真正混得好的（同学），会把聚会搞成米其林餐标，所以你没吃过山珍海味却可以在这里免费吃，多好！
> ——洞见：在占便宜这条路上，千万不要谈自尊。同学混得好，我们只有好处，没有损失。

> 我每年都要参加同学会，我想看看我的男神什么时候秃，结果年复一年，我胖成了个球，他还是那样。我一点也不难过，这特别有助于我修心。
> ——洞见1：同学会很励志，你越一般越要去，你不去，你都不知道自己有多普通。
> ——洞见2：有些东西你得不到是有道理的。

你看，只要思维转换了，找到一个有趣的视角并不难。

观察生活，从另一个角度去阐释一件事

认真地观察生活，把观察生活当成一个日常的习惯，把生活中经常出现的现象收集起来，换一个角度去解读，你会发现生活

中的很多片段其实就是一个一个不同的洞见。

比如这样一个洞见：

> 每天早上起床的时候，你的手机电量的多少就是你自制力的最直观体现。如果手机电量是80%，你的自制力就是80%，如果手机电量是0，那你的自制力就是0。

看到这个洞见，你是不是已经脑补出了这样的场景：晚上刷手机刷到没电，挣扎着想要在最后一秒爬起来给手机充上电，但就是爬不起来。第二天要起来上班，但是，因为手机没电闹铃没响，老板打电话过来，电话却接不通……

你看，洞见就这样出来了。所以，对生活中的事情要多观察。观察到一个现象后，从与大众不同的视角去看这件事，就能发现一些不被常人发现的真相。

再来看一个洞见：

> 经常听人抱怨："太累了，天天累成狗！"其实今天的狗狗比人闲。没准人家狗狗才无奈呢："太累了，累得跟人似的！"

这个洞见也是源于现代生活中的一种现象，生活和工作的压力把人们压得喘不上气，而狗狗的地位却日益提升，由此有了这样的洞见。

从非主流视角去寻找

你可以从无数的角度去看待一件事，当你面对一件事情时，你要去找其中非主流的、还没有被人说过的视角。然后从这个视角对事情重新做一个新的定义和阐述，这时你的段子就变得有趣了。比如，很多冷知识都可以成为洞见的素材。举个例子：

> 有研究发现，人在睡觉时消耗的热量比看电视时还要多。

你可以把这个冷知识重新梳理一下，形成你的洞见：最便宜的减肥方法是睡觉。

再举个例子：

> 猪的平均体脂率为15%，而正常成年男性的体脂率是15%~18%，成年女性体脂率是25%~28%，由此可以形成这样一个洞见：你真的比猪还胖。

是不是感觉很有意思？你平时可以多搜集一些类似的冷知识，这也是一个转换思维、积累幽默素材的好方法哦！

洞见需要深入思考

幽默就是要给大脑制造新奇和意外，只有通过深度思考，刻意挖掘事情深层的洞见，才能制造出出人意料的结果，产生幽默。所以，产生洞见，需要在对生活进行观察的基础上深入思考，凡事多问几个为什么。

首先你要透过表象去思考深层次的问题；其次，你还要思考你的角度与社会主流价值观是否相同，从而看清楚事物的关键所在。

举个例子，你和一个路人吵架，你没能吵过她。其实仔细思考一下，并不是你吵不过她，而是有些话你不好意思说出口。再进一步思考，是因为你不想让别人觉得你跟这样的人在同一个层次，是一个不文明的人。再继续思考，你会发现，你吵不过她是因为你太在意别人对你的看法。思考到这就可以得出这样一个洞见：

> 在吵架这件事情上,脸皮或许比实力更重要。

你看,一件日常生活中的事情,你顺着这个思路纵向思考、思考再思考之后,终于找到了你吵不过她的根源,洞见由此产生。

再比如,在父亲节、母亲节的时候,大多数人都喜欢在朋友圈表达自己对父母的孝心。按说,在这样的日子里,直接向父母道一声辛苦,说一声"爸爸妈妈我爱你们",或者来点实惠的,给父母买点他们喜欢的东西就好了,为什么要在朋友圈里表达呢?

对于这个问题,你可以想出多种答案,每种答案的背后都有一个真相,也就是一个洞见。

- 发朋友圈,是为了让更多人知道你有孝心,希望树立自己的好形象。
- 看到别人都发,自己也发,这样才不显得自己另类。
- 为了让朋友圈中的特定对象看,比如女(男)朋友、上司等。

针对这件事情,我的同事郭敏写过这样一个段子:

> 为什么要发朋友圈秀孝顺呢?因为中国人表达感情比较含蓄,你在朋友圈发"妈妈节日快乐",可以避免尴尬。

> 你要是当着你妈的面说一句"妈妈节日快乐",你妈都不知道该怎么回应。你都快30岁的人了,不结婚也不生孩子,你觉得你妈能快乐吗?
>
> 你发朋友圈本质上就是一种许愿。为什么要许愿呢?因为你做不到。你发一条朋友圈:等我有钱了,就给我爸买套房——实际上你没钱;等我有时间了,就带我妈出去旅游——实际上你也没时间。
>
> 所以你就只能发朋友圈许愿,你真不是为了你父母,你就是为了享受这种不费吹灰之力就能尽孝的感觉。

这个问题你也可以继续想,想出更多答案,从一些独特的答案中产生洞见。

我上面说到的这个横向思考的练习方法,在喜剧里面叫作"问题清单练习",也叫"为什么清单练习"。这个练习就是针对一个问题,打开脑洞,想出尽可能多的答案,在这些答案中找到视角独特的答案,形成洞见。

举个例子:

> 为什么不能随便借钱给别人?

针对这个问题,你可以想出更多答案:

幽默感

答案1：如果别人拿着从你那借的钱做投资，万一他有钱之后因为顾忌面子不认账了怎么办？

顺着这个答案，继续往下思考：

他有钱之后，因为是富人了，怕丢身份，不承认借钱了，我的钱岂不是打了水漂？

再想：

不承认还好，万一他怕我找他要钱，可能还会假装不认识我，那我岂不是赔了钱还丢了人？

再继续想：

万一他觉得我找他要账，让他丢面子，他找人追杀我怎么办？

这些答案与现实中经常出现的答案不同，发生的概率几乎为零，听起来也感觉新奇好笑，在人们的意料之外，所以能够产生幽默的效果。

5 好的幽默来自对生活的洞见

> 答案 2：如果别人跟我借 2 块钱买彩票，结果中了 2 个亿……

顺着这个答案继续想，可能会有这样的结果：

> 我天天想着那 2 个亿是我的 2 块钱换来的，我抑郁了怎么办？

再想：

> 想着那 2 个亿的本钱是我的，万一我想不开去他家抢钱，那岂不是把自己给毁了？

再继续想：

> 我要跟他分钱，他肯定不分，可是，看着他用我的 2 块钱中了 2 个亿，我却一分也得不到，万一我想不开，跳楼了怎么办？

就着这个问题，你还可以继续想出更多的答案，产生更多的洞见。所以，洞见需要在独特视角的基础上，不断地深入思考。只有思考，才有洞见。

形成洞见的方法

洞见来自对日常生活的观察和深度思考,所以,我们在日常生活中要养成观察生活、深入思考的习惯。但是,你可能有这样的感受:你善于观察生活,也勤于思考,但还是不能形成洞见。我在此教你几个形成洞见的技巧,你可以试着练习一下。

站在前人肩膀上改写洞见

学习最直接的办法就是模仿和借鉴,如果你看到一个好的洞见,你可以试着改写一半的句子,看看是不是能创作出一个洞见。

> 老板眼中只有两种员工,愿意加班的和不愿加班的。
> 老板眼中只有两种员工,"996"的和"711"的。

好,现在轮到你了,请按照这个句式,完成你的洞见。

> 员工眼中只有两种老板,＿＿＿＿的和 ＿＿＿＿的。

你看,改写洞见很容易吧。
我们可以把《阿甘正传》中的金句试着改写一下:

> 生活就像一盒巧克力,你永远不知道下一颗是什么味道。

这个句式比较简单,生活就像某个东西,然后你说出这个东西的一个特点就行。比如:

生活就像节假日的高速公路，你永远不知道什么时候能跑起来。

生活就像镜子，你对它笑，它也对你笑。

观察式洞见 + 逻辑推演

这个方法是观察一个常见现象。一般来说，这个常见现象代表着人们的行为模式。你不要想当然地放它过去，而是要停下来问一下自己"为什么"。我给大家举个例子。

车展上，都是男性在跟车模拍照。

我就想，为什么女性不跟车模合影呢？应该是女性怕对比，逛街都要找一个比自己颜值低的女性同伴去，拍合影时尽量往后，显得脸小，所以在车展上肯定不能傻乎乎地站在美女旁边。

但是我发现，我就没有这个心理负担，为什么呢？当然不是我对自己特别自信，也不是我放弃了自己。而是我发现，如果你盯着那些长得特别漂亮的美女看久了，你会发现她们有点不太像人，很像另外一种生物。

所以我就得出了一个洞见：

5 好的幽默来自对生活的洞见

> 特别漂亮的美女,既不是女人,也不是男人,她们是一种类似于异形的存在。

你看到了吗?洞见有时是非常主观的,只要你能提供给大家一点点看问题的不同角度就好,只要你能自圆其说就好。

我喜欢的一个脱口秀演员德翁·科尔(Deon Cole)就观察到:

> 为什么没有黑色邦迪胶?
> 我们买不到黑色的邦迪贴?
> 为什么我每次弄伤自己,伤口都要跟白人的一样?

需要注意的是,当你观察到生活中的一个特异的点时,如果想让它更好笑,你还需要更进一步,做一下逻辑推演。比如你问自己"为什么",就是一个很好的推演方向。

> 朋友聚餐如果吃到一半才打电话叫你,说明找你来是让你活跃气氛的;如果吃完了才叫你,说明找你来是让你结账的。

上面这两个方法都可以用于日常训练,你在看到别人的段子、搜集到好的洞见时,可以用模仿改写和逻辑推演的方法为自己创作新的洞见。练习得多了你会发现，不知不觉间，你已经成为一个有内涵的段子手了。

挖掘自我

挖掘自我，就是你看自己有什么怪癖，有什么与众不同的地方，有什么恐惧。因为你是一个人，你会说人话，做人事。从自己的身上，你会更容易发现自己独特的视角。比如，坐飞机。

> 我每次坐飞机都觉得飞机会掉下来。
>
> 我不知道你们，但我上飞机以后就会环顾一下飞机上的人，看到几个面相好的人，我就会自我安慰说："这几个人看起来像命不该绝的样子，飞机不会掉下去的。"
>
> 关于飞行，当飞机到了平流层，飞行比较平稳、底下是厚厚的云层时，我就觉得比较安全。其实真掉下去，云朵也托不住啊，但我就是会有这种奇怪的感觉。

你看，平时多留意自己这些奇奇怪怪的感受和想法，就很容易产生新的洞见。

我建议你准备一个洞见本，想到段子或者洞见时立刻记录下来。有需要的时候，翻开本子，随时取用。除了要在生活中不断搜集洞见以外，想要成为一个可以自由运用幽默的人，我们还应该具备形成自己的洞见的能力。

本章小结

1. 幽默不是简单的搞笑，幽默需要发现事情背后的真相，这个真相在幽默中被称为洞见。洞见要有独特性、原创性、真实性，洞见还要能够引起人们的共鸣。幽默有了洞见，才有了更多的内涵，也有了更多给人带来启迪和影响的力量。

2. 洞见真相需要独特的视角，换一个视角，才能在人们日常习惯了的事物中发现不一样的道理。所以，想要发现真相，形成洞见，先要学会从生活中、从非主流的视角去看去找。

3. 只有经过不断地思考再思考，才能发现事情背后的真相。所以，洞见需要深度思考。

4. 与其他幽默的技巧一样，形成洞见也需要技巧和方法。我在这一章总结了三个形成洞见的技巧：第一，站在前人的肩膀上改写洞见；第二，观察式洞见＋逻辑推演；第三，挖掘自我。

5 好的幽默来自对生活的洞见

练习作业

我给你一个现象:"有些女生刷爆卡也要买自己喜欢的包",运用这一章学过的"观察式洞见 + 逻辑推演"的方法,结合自己的日常生活,形成一个洞见。

幽默工具箱

幽默有道也有术,这个术就是段子技巧。我在这里把一些常用的技巧,以工具箱的形式呈现给大家。这些技巧都使用了段子的核心思维,简单易学,非常容易掌握。你可以运用这些技巧,把日常生活变成段子内容的槽点,创造出幽默段子,让你彻底告别尬聊,秒变幽默达人。

幽默感

1
答非所问

答非所问，就是我们常说的打岔。在综艺节目里，常常可以看到艺人用这个技巧。提问的人得到的是一个与答案无关的回答，因此产生一种啼笑皆非的感觉。

台湾综艺节目《我猜我猜我猜猜猜》中，主持人阿雅问吴宗宪："你跟康康哪个比较搞笑？"（康康和吴宗宪都是搞笑艺人）吴宗宪回答说："他比较可笑。"

当然在电视节目中的普通人也会有这样的时刻。

记者："大爷，大娘给您做了一桌子菜，您感动吗？"
大爷："我不敢动啊，每次都是她先动我才敢动。"

在生活中，很多老年人听力不太好，跟他们说话时经常会出现所答非所问的情况。在电影《夏洛特烦恼》中，有一个经典的场景，

沈腾饰演的夏洛到马丽饰演的马冬梅居住的小区找她,因为记不清确切的门牌号,所以就询问楼下的大爷,于是有了如下对话:

夏洛:"大爷,楼上322住的是马冬梅家吧?"
大爷:"马冬什么?"
夏洛:"马冬梅。"
大爷:"什么冬梅啊?"
夏洛:"马冬梅啊。"
大爷:"马什么梅啊?"
夏洛:"行,大爷你先凉快吧。"
大爷:"好嘞。"

通过这个典型的答非所问场景,我们不难看出,打岔可以营造出一种简单但荒诞有趣的对话环境。提问一方不断被打岔后的无奈、妥协与最后不得不放弃,都是笑点所在。

2 避重就轻

避重就轻，就是不顺着对方的话讲，故意曲解前一句话中的重点词语，把重点放到与人们日常理解不一样的词语上，怎么歪怎么来，让人们听到后产生意外感，从而具有幽默的效果。比如：

冬天大雁为什么要飞到南方过冬？因为走过去太远了。

在这句话的前半句中，从正常的角度考虑，问题的重点应该是为什么到南方过冬，关键词是"南方"，但在后半句的回答中，却避开了这个关键词，把答案放到了"飞"这个字上。这就是避重就轻。再举两个例子体会一下：

你：房子又漏雨了！
房东：就你交的这点房租，难道还想漏香槟吗？

你：你的房子这么差，还要求押一付三？

房东：因为押一付五不合法。

从这几个例子可以看出，避重就轻这个技巧的关键，是把前一个句子中人们习惯了的关键词，换成另一个不常用的关键词，避开原来的重点，针对另一个不重点的关键词来说出后面的答案。日常训练的时候，只要记住不按常理回答就可以了。你看，是不是很容易？！

3 重新定义

重新定义就是把人们习惯中已经约定俗成的固定定义,用另外一套逻辑重新解释出来。被重新定义最多的就是成语和俗语。这些成语和俗语,通过另一个逻辑解释出来的时候,一下子冲破了人们对这个词语原有的固定认知,产生出很强的意外感,幽默由此产生。来看个例子:

> 有一年我们商学院有同学毕业,我们做了个吐槽大会。对其中一位同学的吐槽是:"这是位德艺双馨的艺术家,他得意扬扬的样子就好像是刚刚发了双薪。"
> 因为这位同学做设计工作,的确自带傲慢气质,所以,这种调侃一说出来,所有人都笑了。

在这里,"德艺双馨"被重新定义为"得意双薪",打破了这个词在人们心中的固有形象,以意料之外的解读引发了大家的笑声。

我参加过一个学习，第一名的同学最后会获得学院的一个奖励，就是明星老师的VIP（贵宾）私房课。主持人开玩笑说："什么是私房课呢？就是到私人的房子里去上课。"

这个例子使用的也是重新定义的技巧。大家可以在词典或者书本里寻找一些成语或者词语，结合谐音和拆字，对这些成语或词语进行重新定义。但一定要确保重新定义的意思和原来的表达意味处于不同的方向，否则重新定义就失去了意义。

4 先躺枪再甩锅

躺枪就是前面你可以正经地批评一件事，义正词严。然后在结尾的地方一拐弯，把锅甩给一个毫无防备的人。我举个例子你就明白了：

> 某些创始人一出事公司市值就掉了几百亿，这提醒我们企业做大做强之后，企业家自身的道德约束力也得提升。你说是吧，孙总？

大家可以记住这个躺枪的经典句型——"你说是吧"。

5 声东击西

声东击西,就是前面说一件事,后面说另一件事。也就是在说的过程中,打断已有的强逻辑关联,冒出一个弱逻辑关联。比如,在饭店就餐时,有人这样点菜:

> 这个葱爆羊肉看起来真好吃,这个红烧鱼也不错,这个小鸡炖蘑菇挺诱人,我们点一个水晶肘子吧。

声东击西的两件事之间,是有一定联系的。在这个例子中,虽然没点葱爆羊肉、红烧鱼、小鸡炖蘑菇,但是水晶肘子还是属于菜品的。如果在同样的情景下,点菜的人说:"这个葱爆羊肉看起来真不错,卫生间在哪?"就会因为上下过于不衔接而给人莫名其妙的感觉。

6 谐音梗

谐音梗属于入门级别的技巧,简单易懂。

谐音梗用于故意制造误会,继而产生出幽默的效果。误会是喜剧中一个很常用的套路,无论是在相声中,还是网上的段子中,如果是误会套路的,很多都是用谐音梗创作出来的。我们来看个例子:

一天店里新来了个女服务员,店领导一到店里就说:"人呢?茶!"服务员赶紧数:"1、2、3、4、5、6、7,报告领导,7个人。"领导怒了,说:"倒茶!!"服务员再数:"7、6、5、4、3、2、1,还是7个,领导。"领导很无奈地说:"你数啥!"服务员回答:"我属狗"。

再比如:

A:王菲是不是暗恋哪吒呀?
B:为什么这么说?

A：因为常听她唱：想你时你在闹海……

还有，我在前面"答非所问"中提到的"感动"和"敢不敢动"中的"敢动"也是一个谐音梗。

7 用暗示留白

笑点这个东西，从来都不是单方面的，当一句幽默的话从你嘴里说出来，要等听众经过大脑反应之后，才会表现出好笑或者不好笑的状态。正因为如此，有些笑点不需要直接表述出来，可以利用暗示，给观众留下想象的余地。这种留白打造的含蓄笑点，总是能够令人会心一笑。

> 几个朋友聚会，聊到关于自己最讨厌的人或事，其中一个朋友开玩笑说："我最讨厌比我还帅的人。"另一位补刀问他："那我们这群人不都是你讨厌的对象？"

这句话没有直接表达"我们都比你帅"这个意思，但通过信息的留白，大家都能很迅速地明白这句话的真实意思。

我给大家一个练习，可以采用说 A 说 C 不说 B 的方式进行训练。A 是前提，C 是结果，B 是中间过程，省略中间环节，直接从前提跳到结果。也就是说，将中间内容留给听众去自我分析，让大家自己找到笑点。

8 三段式

三段式是我个人最喜欢的一个技巧。

所谓三段式,就是在你的段子中有一组东西,我们暂且称它们为 A、B、C,其中 A 和 B 属于同一类,这样可以让观众形成一个预期,然后你给一个不同类的 C,观众就会因为意外而发笑。

国外有一个经典的三段式笑话:

> 空姐在头等舱分发饮料。她问一个很有魅力的男乘客:"您是要咖啡、茶,还是我?"

我们平时经常说有的人说话一套一套的,其实很多就是三段式的变形。比如,小米科技集团联合创始人刘德是个挺幽默的人,在谈到小米生态链的时候,他曾经说过这样一段话:

> 我们很尊重创业者,尽量满足他们的需求。他们说要 400 万,我们就给 400 万,他们说要 800 万,我们就

给 800 万,他们说要 2000 万,我们就说:"哥们儿,我们算了下,你需要 800 万。"

三段式的特点在于,经过一层一层的铺垫,可以激发听众的好奇心,让他们对最终的结果产生期待。同时,也可以通过前面两段的叙述,让听众对故事的结果形成一定的预期,然后我们再用第三段打破预期。

如果没有前面两段的铺垫,你只讲"创业者要 2000 万,但我们认为他只需要 800 万",并不能达到引人发笑的目的。在很多喜剧作品中,也非常强调包袱的铺平垫稳,前面铺垫得越扎实,最后的包袱越响。

在学习使用逻辑性三段式叙述方法的时候,我们可以通过事件拆分的方式进行训练,将事件的经过分成 A、B、C 三个阶段。先用 A、B 形成预期,然后用 C 来打破预期。在进行 A、B 阶段的叙述时,要注意描述的吸引力,如果在铺垫阶段没有抓住听者的注意力,那么段子的效果肯定会大打折扣。

三段式可以跟其他技巧叠加使用,比如下面这个"三段式+谐音梗"的例子:

> 这玩意儿别头上就是头花,别领子上就是领花,别腰上就是腰花。
>
> ——《乡村爱情故事》

9 头韵和尾韵

头韵和尾韵是押韵的一种,指的是在铺垫中找一个词,在包袱中使用与这个词当中的一个字相同的一个词。

最常见的是压尾韵,比如:

> 人生没有如果,只有后果和结果。

铺垫中是"如果",包袱中用了"后果"和"结果"的尾韵。

头韵就是铺垫中的连接词和包袱中的笑点词首字相同。

> 那个让你心动的人,结婚后可能会让你心梗。
> ——《了不起的中年妇女》格十三

> 我们是处对象,又不是处钱。
> ——《乡村爱情故事》

使用头韵和尾韵，因为前后的押韵和对比，平添了语言的不少趣味性，显得短小俏皮，是非常实用的一个幽默技巧。

10 词语叠用

中国汉字的魅力在于,同样的字在不同的情境下,代表的意思也不尽相同。尤其在一句话里,高密度重复使用同一个词,总是会让人听得晕头转向,进而被这种絮絮叨叨的描述和自己产生的困扰逗笑。

亲密关系有四种:你懂他他也懂你,你懂他他不懂你,你不懂他他懂你,你不懂他他也不懂你。

在这句话中,"你""懂""他"这三个关键词在不断地重复和叠用,在不仔细深究的情况下,很难一下子明白其中的含义。这种词语叠用的描述方式,如果以书面化的形式展示,不足以表现它的笑点;相反,若搭配语速较快的口语表达,则能展示它的幽默效果。类似的还有:

外国学生做汉语考试试题。题面是:小王想给自己媳妇调动工作,于是拿出红包塞给领导,说:"这是我的一点意思"。领导说:"你这是什么意思?"小王说:"我就想意思意思。"领导说:"你这样做就没意思了。"题目问:这里的意思都是什么意思?

看到这样的题目,我对外国朋友产生了深深的同情。

词语叠用还可以有一种升级版,就是把关键词略微做一下变形,让人感觉更好笑。因为这种升级版更绕,更烧脑,需要听众更专注,所以如果最后听众能跟上节奏和思路,会更有成就感,更开心。

在现实生活中我们常常使用词语叠用这个技巧,只不过之前并不知道这是个技巧。比如:

我家的狗名叫遛遛,每次我下楼遛狗碰到邻居,他们都对我说:"老铁,遛遛遛啊!"

相信现在你明白怎么做词语叠用了。如果你想更好地掌握这个技巧,我给你一个小练习叫"我知道"。两个人为一组,甲说"我知道",乙说"我知道你知道",然后甲再说"我知道你知道我知道",以此类推,直到一人说不下去为止。说的时候要动脑哟,看自己的脑袋转得有没有嘴巴快。

11 化用典故

典故，包括诗词、歇后语、俗语、名言等，指的是人人皆知的名句。化用典故就是稍微改动一下典故，把一个常规的俗语变"歪"，让典故带上幽默色彩。比如：

善有善报，恶有恶报，不是不报，是你这个发票有点问题。

水能载舟，亦能煮粥。

是金子总会发光，是镜子总会反光。

这些段子一般采用典故的前半句形成常规的期待，然后改写后半段，以出其不意的"歪理"来破坏听众的预期走向，从而形成笑点。因为典故深入人心，稍微改动一点点就会变得出人意料，带来好笑的效果。化用的典故一般语言仍然工整对仗，笑点和铺垫押韵，朗朗上口。

大家也可以试着改编一些名人名言，锻炼一下自己化用典故的能力。

12 词语拆分

有些词语固定搭配在一起的时候是一个意思，拆成单独的字又是另外一个意思。词语拆分的技巧，就是用词语首先形成一个有效的预期，然后把这个词语拆成一个个单独的字来进行细化描述，打破原有的预期，从而形成笑点。

> 我们工作要100%投入，周一投入20%，周二投入20%，周三投入20%，周四投入20%，周五投入20%。

这句话的原意是鼓励大家工作要投入全部的精力。但经过以时间为线索的词语拆分，每天的100%，就成了5天的每天20%，用这种完全曲解原有意思的方法引发人的笑点。

> 有一次，美国舞蹈家邓肯和爱因斯坦碰面了。
> 邓肯对爱因斯坦说："如果我们结合会生一个最棒的孩子，我的身材，你的大脑。"

爱因斯坦幽默地回答说:"未必吧,万一反过来怎么办?"

从某种程度来说,这个段子也可以算作拆分的一种,把人类个体拆分成了身体和大脑,然后通过打乱组合,将原本最美好的组合变为最不合理的组合,从而产生矛盾,制造出笑点。

词语拆分的技巧赋予了词语新的解释和含义,使人产生耳目一新的感觉。

13 故意口误

生活中的口误常常令人忍俊不禁，比如：

去海边游泳，我跟我妈说："你先别下水，太危险，我去给你租个花圈。"

在路上碰见一位老大爷在拧东西，本想帮他分担一下，一开口变成了："老东西，大爷我帮你拧。"

有次我惹了我妈，我妈在揍我之前说了一句："你别叫我妈，我没有你这样的妈。"

但我们这里说的口误是一种故意操作。在一些特定场合下故意制造无伤大雅的小口误，会成为调节气氛、引人一笑的有效途径。因为根据幽默的机理，口误调动了听众的优越感。比如我的一名同学很喜欢这样介绍自己：

> 我叫陈本东，我是从事人工智障，啊不，人工智能行业的。

故意口误，当事人要表演出窘迫以及急于修正的急切，这些都能衬托出其他人的优越感，从而形成笑点。

这也是简单易学的一个技巧。大家可以尝试有意说错一个小小的词，然后修正。

14
先扬后抑或者先抑后扬

这个技巧前面提到过,就是先吹捧后打击,或者先打击后吹捧。这两种方式都是很明显地跟对方开玩笑,需要你判断跟对方是不是熟悉,以及对方是不是开得起玩笑。

先扬后抑:

> 老婆问老公:如果有人拿 1000 万来买我,你卖不卖?
> 老公:不卖啊!
> 老婆非常开心地问:为什么?
> 老公:昧良心的钱我不挣。

> 老婆:你就是打着灯笼也找不到比我更好的了。
> 老公:对对对,我就是打着灯笼才找到你的。
> 老婆又非常开心。
> 老公:我就是忘了睁眼睛。

先抑后扬：

你根本不像个男人，你怎么会那么温柔！

先抑后扬需要注意后面的夸奖要强过前面的冒犯，否则难免会让听者不舒服。这个技巧也可以用于说错话时救场。

15 亦正亦邪

在段子的创作技巧中,有一种我称其为亦正亦邪的技巧。用这种技巧创作的段子混合了褒贬两种语义,让人因捉摸不透而产生笑。

> 我们商学院的一个班在毕业典礼时,评了一个比较搞笑的奖叫"你最想与之共度春宵的男生"。结果是班长拿到了奖。颁奖时,点评语是:"班长拿到了这个奖,充分说明男人的魅力真的不是看脸。"

"男人的魅力真的不是看脸"这句话,混合了两种信息,既是赞美班长有魅力,也是吐槽班长长得丑,怎么理解都行。这种混杂正面和负面评价的段子特别容易引起大笑。

6 人生处处需要幽默

幽默是人际关系的调和剂，陌生人破冰、亲朋聚会、即兴发言、处理职场关系……有了幽默，这些都会变得轻松而融洽。幽默可以营造欢快的氛围，帮助大家减轻压力、化解尴尬、避免纠纷。所以，人生处处需要幽默，生活因为有了幽默而更加丰富多彩。

自我介绍：
将寻常名字设计出彩

　　自我介绍是给对方树立第一印象的最好时机。从心理学的角度来说，每个人的潜意识里都有一种排他性，对不熟悉的人有一种警惕心理。幽默就是化解这种警惕心理，迅速拉近与陌生人关系的最好方法。

　　日常生活中最常见的自我介绍是："我叫×××，来自哪里，从事什么职业。"这种自我介绍，既没有特点，也没有亮点，很难让别人记住。那么，怎样通过幽默让别人记住你，同时又能非常出彩呢？

借用名人

　　借用名人的意思就是，通过某种方式，让自己与某位名人产生关联，比如自己与某位名人的长相、名字等有相似的地方，让别人通过名人联想到你的名字,从而记住你。

比如我们团队有位编剧叫马伯源,他就开玩笑介绍自己:

> 大家好,我是马伯庸的弟弟马伯源。

我的一位朋友叫王子文,她这么介绍她自己:

> 大家好,我叫王子文,宋子文的子,宋子文的文,宋子文的王。

这当中比较好用的一个技巧叫"名人的低配版"。

> 咪蒙的助理黄小污第一次给我们做自我介绍的时候说:"大家好,我叫黄小污,大家都叫我望京林志玲。"

通过林志玲这个名人,加上望京这样一个相对小的区域,黄小污就这样以一种特殊的方式被我们记住了。名人后面的低配地点,可以是你的家乡,也可以是你所在城市的某个地方,把地域缩小,比如"朝阳门彭于晏""昌平罗玉凤"等。

借用名人来做自我介绍的第二个思路叫"去能力"。比如我们脱口秀班有个同学,长得个子比较矮,有点胖,跟尹相杰有点像。他在介绍自己的时候，就用"我是不会唱歌的尹相杰"。同理，你可以介绍自己是"不会说相声的郭德纲""没钱的王思聪"。也就是说，去掉了名人最擅长的那项能力。我们前面说过，自嘲可以给人带来好印象。当你这么介绍自己的时候，既让别人记住了你，又显得自己低姿态、好接近。

吐槽自己的职业

职业是一个人很重要的标签。自我介绍的时候，吐槽自己的职业，给听众一个新鲜的"局内人"的视点，是一种有趣的自我介绍的方法。比如，我的一位做自媒体的朋友是这么介绍自己的：

> 大家可以叫我小猪，我是做自媒体的。我这个职业吧，就是不管多忙我妈都觉得我是无业游民。

我有个学员叫何铎，是一名飞行员，他这样介绍自己：

> 大家好，我叫何铎。李白曾经在一首诗里写过这样两句："酒有凌云志，何铎能上天。"他一不小心在一千多年前就预测了我的职业，我是一个开飞机的。不过，我想告诉大家，就算你认识了我也没什么用，第一，机

> 票不能打折;第二,我不飞固定的航线;第三,我真的不认识空姐。

何铎的这个自我介绍,有两个出彩的地方:

第一,借用了名人;第二,借用"机票打折、飞固定航线、认识空姐"这三个对飞行员职业的"刻板印象",抖出包袱。

利用地域成见

利用对地域的刻板印象,进行地域黑的反杀,也是一种很实用的自我介绍的方法。简单来说,这种方法就是用否定地域黑的方式,解构别人对你的地域成见。我给大家几个例子:

> 大家好,我叫李中,我是河南人,我来的时候地铁太堵了,我是滚着井盖过来的。

> 大家好,我叫李东,我是广东人。你们这几个长得白白胖胖的,坐得离我远一点。

> 大家好,我叫李北,我是东北来的。大家现在低下头不要瞅我。

利用人们对某一地域的成见,让人们把你和对这个地方的刻板印象联系在一起,然后通过夸张的方式,破除人们的成见。通过这种方法,不仅可以让别人记住你,还可以在很大程度上消除人们对这个地域以及这个地域的人的成见。

给自己编一个有包袱的故事

观众对故事的记忆要比普通的表达印象更深。你可以给自己编一个故事,然后给这个故事加一个包袱,制造出幽默的效果,从而让大家在笑声中记住你。

> 一位学员给我留下了深刻的印象,他是这样介绍自己的:"大家好,我叫张郎。我妈生我的时候,正好是中国女排取得世界冠军的时候,我妈特别喜欢郎平,所以给我起名叫张郎。后来我发现这个名字有问题,总是被人叫作'蟑螂'。"

在现实生活中,有很多父母会用双方的姓作为孩子的名字,"张张"这个名字就属于这种情况。但是,如果张张介绍自己的时候直接说出这个原因,这样的介绍就会没有什么新意。反之,如果他给自己的名字加一个故事,别人听起来就会觉得很有趣了。

　　用讲故事的方式介绍自己，可以有很大的发挥空间，只要针对一个槽点编出故事，就可以把自己介绍得很出彩，让别人不但记住你的名字，更记住你这个人。

怎样幽默地介绍别人

在很多场合都需要介绍别人,如果可以在介绍的时候运用一些小幽默,既让被你介绍的人觉得舒服满意,又为现场营造一种轻松欢快的氛围,相当于帮助对方热场,对方一定会暗暗感谢你。你可能已经想到了,既然自我介绍的幽默方向是自黑自嘲,介绍别人的方向就应该是抬举、赞美、夸奖。

吐槽被介绍者身上的优点

幽默地夸人是一件极其需要情商的事情,赤裸裸地夸人,有时会显得肉麻且尴尬。想幽默地介绍别人,可以抓住对方的特点,进行善意的吐槽,表面看起来是开玩笑,其实暗中抬举了对方,又烘托了气氛,对方会暗自开心。

有一次朋友给我介绍了一位编辑张老师。张老师长

> 得特别年轻。介绍人说:"张老师看起来只有35岁左右,但是她儿子都25岁了。所以张老师一定很有钱,你说你做了多少次整容才变成现在这个样子?"张老师乐呵呵地说:"没有没有。"

在这段介绍中,用有钱、做整容这样极度夸张的手法,夸赞了张老师的年轻漂亮,当然这需要介绍人和被介绍人比较熟悉,知道这么开玩笑对方也能接受才行。

> 我看到过一位主持人这样介绍一位美发师:"这位帅哥是我们的发型师,在美发行业耕耘了很多年,有着丰富的工作经验,为很多明星做过发型,不过,他不叫'托尼',他叫'美你'。"

在这个介绍中,主持人把"托尼"这个美发师经常用到的名字作为一个幽默的梗,提出这个发型师不叫"托尼",表现了这个发型师与其他发型师的不同,与前面介绍的有丰富工作经验、为很多明星做过发型相呼应,最后用"美你"这样一个押韵的假名字,进一步表现出这个发型师的价值,同时又产生幽默的效果,让听的人不由得哈哈大笑。

吐槽式的介绍,有点接近于先抑后扬的技巧,特别适合那些个性和背景比较复杂的嘉宾。我曾经参加过一个讲座，嘉宾给人的第一印象是有点油腻，不够真诚。

> 东道主介绍说："×××老师让我们知道人还可以有这样的一种境界：在江湖上混成滚刀肉，但仍然还保留创业者的赤子之心。"

这个介绍，看起来有批评，其实是很聪明地帮嘉宾拉票。因为她并没有回避嘉宾给人的真实感受，但巧妙地用这个缺点作为铺垫，转折强调了不熟悉嘉宾的人未必能注意到的闪光点。

找到不同的被介绍者之间的共同点和不同点

有时候，我们还会遇到把一位熟人介绍给另一位熟人的情况，这种介绍有个思路，叫"找共同点和不同点"。找共同点，是指可以根据你了解到的双方的一些共同之处进行介绍，比如双方毕业于同一所院校，来自同一个城市，或者从事同一个行业的工作，这样既能够让气氛变得轻松，又能很快消除陌生感，拉近双方的距离。找不同点，就是让被介绍的两人彼此有一个深刻的记忆点。

> 小叶带着老公参加聚会，见到了自己的老同学小赵。小叶是这样做的相互介绍："这是我的老同学小赵，这是我老公大明。你们俩都是自媒体行业的，不过，小赵多才多艺，是个斜杠青年，我老公呢，基本上是个抬杠青年！"

小叶用同学和自己的老公"都是从事自媒体行业"这样的共同点，打破了两个人之间的陌生感；同时，用"斜杠青年"和"抬杠青年"说出了二人的不同。这种押韵的表达，制造出了幽默的效果，让氛围一下子轻松起来。

即使我们不是从事主持工作，在日常生活和工作中也会有很多非正式的场合需要我们向大家介绍别人。这时候，如果能够在介绍中加入一些幽默的元素，就可以完成一次出色的介绍，让大家印象深刻。

即兴发言的四个秘密

我们每个人从小到大，多多少少会遇到需要当众讲话的场合，尤其是被当场点将做临时发言，没有一点心理准备，很容易让自己陷入尴尬的境地。其实，即兴发言也有秘诀可以学习，如果你了解即兴发言的秘密，相信你可以做得比大多数人都好。

真相：没有什么"即兴"发言

出席公司会议和重大聚会，你应该永远多多少少有所准备，因为，你永远不知道什么时候会被人叫起来"随便讲两句"。真的没有什么"即兴"发言，你不想"随便"在好朋友的婚礼上讲两句吧？你是不是也不想刚到一家公司，就"随便"地说两句，给领导和同事留下一个不好的印象？所以，不要相信"即兴"，最好的即兴发挥都是在有所准备基础上的发挥。

所以，在你参加会议或聚会之前，给自己一点时间，问自己这几个问题：

- 我怎么感受这个事情？这个群体？
- 我在参与这个事情的过程中，曾经有过什么误解，现在发现真相是什么？
- 这个经历怎么影响了我，改变了我？

当你带着这样一些想法去参加会议，被叫起来"即兴发言"的时候，就不会讲得很"随便"。

运用自嘲自降身份，赢得好感

有些身份的人当众讲话时，一般都是被别人介绍到台上的。大多数情况下，为了显示尊重，别人在介绍你的时候会刻意把你的身份抬高一些。那么，你上台之后，可以先自嘲或自黑一下，把自己的身份降下来。这样，一方面可以降低台下听众的预期，为你的即兴发言奠定基础；另一方面你的幽默还能增加听众的好感，让现场气氛变轻松。

得到大学三周年庆的时候，作为公司首席执行官，脱不花在介绍每一位发言者时，都巧妙地给予了夸赞。

> 在介绍总编室主任宣宣的时候,她特别介绍道:"这位嘉宾我得隆重介绍一下,他是得到知识服务家族的杠始天尊、不妥协者、只穿始祖鸟的男人、抖音驯化之王、科学课程及得到品控全境守护者、大望路科学教教主,得到总编室主任宣明栋……"
>
> 这位嘉宾一上台就马上回应道:"听起来就像《权力的游戏》里一个快要领盒饭的角色……"

你看,这位老师通过"领盒饭"这样一个不幸的遭遇,幽默地自嘲了一下,很顺畅地把自己的身份降了下来,也利用幽默给大家留下了很得体的印象。

在公众场合中,主流的社交礼仪是当你受到恭维时,需要用推辞或者幽默的方式来否定这项恭维。如果有人毫无保留地直接接受赞美,人们会对这个人产生什么印象?不礼貌、傲慢甚至自吹自擂,对吗?

> 在一次活动上,主持人很隆重地介绍一位美女发言嘉宾:"这位嘉宾不仅颜值高,智商也高,是一位美貌与智慧并存的老师!"
>
> 这位美女嘉宾上台之后,很得体地说:"主持人太谦虚了,真正的一姐在这里!"

面对主持人的夸赞，美女老师没有否认，不然显得不给介绍人面子，也没有大大咧咧地接受，而是把光芒的焦点落到了主持人身上，指出"真正的一姐在这里"，利用谦虚把自己的身份降了下来。

你作为演说嘉宾被邀请，大多是因为你是某个领域的成功人士或者权威人士。你不妨巧妙地把自己被抬高的身份降下来，这样既可以显示你的幽默感，让现场气氛轻松起来，也可以让台下观众增加对你的喜爱度。这样一来，当你开始正式发言时，大家对你的挑剔就会少一些，对你的接受程度也会高一些。

当然，在另外一些场合，需要你用自吹自擂的方式幽默。比如李诞就经常用这招。我们之前说过他在一次采访中被问到女朋友到底看中了他的什么。他果断回答："她贪图我的美貌。"也就是说，吹嘘一个你并不具备的特质，也能造成幽默的效果。

如果你吹嘘的地方确实是你擅长的地方，语气就需要浮夸一些，说完之后要点出自己在吹嘘。比如有一次学员赞扬我的小丑课特别有意思，问我是不是每堂小丑课都这么有趣。我想了想，就浮夸地说："这也要看谁教呀！"然后我自己先哈哈笑起来。所以，自吹也是幽默方式的一种，你只要指出自己是在自吹就可以。

笑点重提，呼应之前的嘉宾

笑点重提（Call back）是即兴幽默的一种重要方式。具体来说，就是联系现场发生的一个笑点来介绍自己。

这个技巧很适合在需要当众讲话的情境中使用。一般来说，你的发言会是会议或者活动的一部分，如果之前已经有人发过言，或者现场发生过什么让大家印象深刻的事情，你可以简单地从自己的角度再重提一下笑点。这样，会给人一种你的发言是整个活动的有机的一部分的感觉。

用笑点重提技巧需要注意：

第一，笑点重提的时间间隔不能特别长。具体来讲，就是前面出现了一个笑点或者记忆点，后面要在观众还想得起笑点的时候重提它。

> 有一次有两个造型师来报名参加我的幽默课。其中一个在自我介绍的时候很谦虚低调，说："我叫王旭东，我是个剃头的。"第二个人在介绍自己的时候说："我叫李连伟，（指着前一个美发师）我跟他不一样，我不是剃头的，我是个美发师。"

笑点重提技巧，在实际应用中使用频率非常高。

> 有一次我去参加一个颁奖礼，上一个颁奖嘉宾给获奖者颁奖时问获奖者："你知道为什么我把票投给你吗？"

> 听到这样的问话，大家都笑了。下一个奖轮到我上台颁，我一上去就对获奖者说："我也问问你，你知道为什么我把票投给你吗？"大家哄堂大笑。

前面的颁奖嘉宾第一次问出这个问题的时候，大家觉得这句话很有意思，第一个笑点出现了。在大家都还记得这个笑点的时候，我上去重复了这句话，与前面的笑点相呼应，就产生了幽默的效果。

第二，在一个场合下，笑点重提不可以重复太多次，一般来说两到三次就可以，如果超过三次，听众就容易产生反感，因为那个笑点已经没有那么好笑了。你可以这么理解，笑点每提一次就好像被稀释一次，到第四次时已经索然无味了。再用这个梗听众就会失去新鲜感，不仅惹人烦，还会被人认为没有创意。

应急即兴演讲包

但是，如果你没有事先准备，压低帽檐甚至乔装打扮混进了会场，你的领导还是认出了你（他是有多爱你！），你在猝不及防的情况下被要求上台讲两句。以下是你的应急即兴演讲包。

联想是即兴产生幽默的最佳方法，这个方法包括四部分：抓手、观点、论据、呼吁行动。

1. 抓手

所谓抓手，就是你在这个时间讲话的原因或者契机是什么，为什么是你讲而不是别人讲。抓手不需要很长，把你讲话的理由说清楚了就可以了。

比如在公司给同事开的生日聚会上，你可以跟大家说："×××，生日快乐！"这就是一个抓手。

比如你的老板高升了，被调到了其他部门。大家在送别老板，你被要求讲两句。你可以这样说："看来大家都不愿哭，我来！"

再比如，你被邀请在好朋友的婚礼上致辞，你的抓手可以是这样的："今天很荣幸给我最好的朋友来做婚礼致辞。"

通过类似的开场白，告诉别人你为什么要站在这里讲话。只要能把开篇讲好，后面的话说起来就不会太难了。

2. 观点

抛出抓手之后，接下来就要说出你的观点了。观点是你需要讲的重点，是你希望别人记住的东西。观点需要简单清晰地亮出来，让别人能够很快抓住你发言中的要点，从而在他们的大脑中形成一个记忆点。注意，因为是即兴演讲，主要观点有一个就好！

比如，在新年联欢会上，你可以总结过去一年所取得的成就，说"过去的一年，是不同寻常的一年"。

这就是你的观点，你需要表达的就是，过去的一年与以往的每一年都不同。

3. 论据

论据是针对前面的观点进行展开的，对观点进行的说明。论据至少要有三条，举出具体事例，来证明观点的正确性。

比如，前面讲了，"过去的一年，是不同寻常的一年"。那么，在亮明观点之后，你可以列出至少三条论据，来证明这个观点。比如，你在过去的一年里有什么明显的进步，公司在这一年中发生了什么转折性的变化，公司的项目取得了什么突破性的进展等。

这三条论据，要具体，但不需要太长，只要简单列出来，支持你的观点就好，这样你的发言才比较完整。

4. 呼吁行动

呼吁行动是即兴发言的结尾，类似于一个口号或呼吁，也就是呼吁大家一起做出某一个行动。你的讲话最终需要一个落点，才是一个完整的演讲。

明白了当众发言的套路，即使你被临时叫起来发言，哪怕只有几秒钟的时间，你也可以飞快地在脑海中把以上几个步骤过一下，这样就可以在很大程度上保证你能把话说到点子上了。

这个即兴发言急救包可以帮助大家提前把逻辑理清，让自己的讲话条理清晰，更容易被别人听懂。你心里有底之后，下一步就是运用幽默的技巧了。我们前面讲过的所有幽默的技巧，你在发言过程中都可以使用。

> 我们商学院的班级有一个打卡跑步群，每人交1000元，三个月时间，能够坚持下来的同学瓜分不能参加的同学的现金。跑步里程数第一的同学被意外叫上去随便讲两句，这位同学是这样说的：
>
> "哎呀，拿这个第一没想到啊。不是我多厉害，是你们太弱了吧。哈哈哈！说正经的，这是我有史以来最差的一次投资，三个月才赚了1000元，不过也是我最好的一次投资，变瘦了，变美了，变年轻了。这种活动很好，我建议咱们以后再搞一次，就是把准入门槛提高到每人10万元。"

在这段即兴讲话中，这位同学很好地运用了前面讲的原理，先讲自己获得这个发言权的感受，接着提出"这是我最好的一次投资"的观点，举出"变瘦了，变美了，变年轻了"三个论据，最后提出以后再搞一次这个活动的行动建议。在这个基础上，还巧妙应用"最差的投资"和"最好的投资"形成对比和悬念，给听众留下"身体的健康是一个好的投资"的强烈记忆点。

员工篇：
怎样在职场中应用幽默

　　幽默是一种社会性的现象，研究表明，人们与他人在一起时要比自己独处时更容易开怀大笑。游戏和玩耍似乎是儿童的专利，但是幽默其实是难得的社交规则允许的成人之间的游戏和玩耍。因此，只要两个人一起欢笑过，就能产生一种类似于孩童时共同玩耍过的玩伴的交情。有句话叫"笑是人与人之间最短的距离"。幽默能产生人与人之间的深层链接，这对于我们这些不得不在"半熟社会"中打交道的职场人来说真是一个好消息。

　　以每天上班 8 小时计，工作占据了我们人生 1/3 的时间。一个懂得幽默的同事，不仅能够处理好上下级关系，也能在同事之间制造欢乐的气氛，缓解职场压力，甚至能提升团队的生产力。所以，有一个善解人意并且幽默的同事简直就是工作的福利。如果这个人是你，毫无疑问，你会在同事中成为最受欢迎的人。

　　但是，我并不主张你在职场中任何时候都使用幽默，你的目的并不是树立自己的幽默形象，而是运用好幽默，帮助自己游刃有余地处理好复杂的职场关系，并且影响自己周围的小环境，实现快乐工作。我总结了你可以发力的6个点，抓住这些时机，可以提升你在职场中的影响力。

用幽默拉近与同事的关系

因为利益关系、竞争关系，同事之间容易有距离感和隔阂，而有幽默感的人，通过调侃、吐槽、讲段子等方式，让大家在一个共同的话题和段子中一起开心大笑，在哈哈大笑中拉近彼此之间的距离，同事关系从陌生变得熟悉、从紧张转为放松。

用幽默给同事减压

同事之间是平等的关系，在工作有压力的时候，相互吐个槽，轻松一下工作气氛是很有必要的。

用幽默化解同事间的矛盾纠纷

职场中的人，每天有1/3的时间是跟同事一起度过的。同事之间出现一些矛盾在所难免。当同事之间出现矛盾和纠纷时，解决问题只是第一步，更重要的是要在矛盾解决之后，仍然能够愉快地相处。所以，只要不是原则性问题，可以用幽默的方式来化解。

一个简单的小玩笑，就可以打破两个好朋友之间的僵局，巧妙地化解双方的矛盾。

同事之间出现的纠纷，多是由情绪方面的原因造成的，所以，可以先用幽默的方式把情绪化解，再冷静找到产生问题的根源。这种方法不仅适用于办公室罅隙，也适用于生活中其他一些很常见的冲突。

运用幽默帮助领导和同事化解尴尬

领导的脾气有些差，当众批评某一位员工，有时候会让这位员工下不来台。如果你能巧妙地说上一句话，化解同事的窘迫，不仅同事会感谢你的善意，领导也会默默地给你竖起赞赏的拇指。

被批评指责时，用幽默的方式解释一下

当你被领导批评指责时，首先要坦然接受，如果自己确实存在不足，就好好改正；如果领导的批评与事实不符，你被冤枉了，你可以通过幽默的方式予以解释，这么做既不让领导尴尬，也可

以把真相说明白。来看看这个故事:

> 小孟气喘吁吁地跑到办公室,结果还是迟到了15分钟,这已经是小孟这个月第三次迟到了。因为这个月小孟所在的城市有重大的活动,所以路上堵车严重,虽然他每天都很早起床,但还是不能保证每天都按时到公司。小孟刚走进办公室,主管已经在等他了。
>
> 领导:"小孟,你是吃过午饭才来的吗?那正好,你的工作餐就可以分给别的同事了。"
>
> 小孟赶紧承认错误,然后又接着说:"经理,我保证会把不能迟到的精神彻底贯彻执行下去,不仅要自己好好执行,还要让公交车跟我一起执行,不要堵车、不能迟到!"

面对领导的批评,小孟先承认了自己的错误,诚恳地承认错误能化解领导至少80%的怒火,同时也婉转地告诉了老板自己迟到的原因。当然,这种方法适用于领导同样也是一个幽默的人,否则很可能会适得其反。从领导批评小孟的方式,可以看出领导同样是个幽默的人,所以,小孟用这一招很好。如果你的领导是一个严肃的人,就不要贸然使用幽默了,乖乖认错就好。

幽默地回应领导的夸奖

在职场上常常能收到同事和领导的夸奖。

回应夸奖,最稳妥的是谦虚一下。

回应领导的夸奖,有三个原则:

第一个原则:"你"原则。这个"你"的意思是,要把焦点转回给领导。

比如,领导说:"哟,小韩,今天接受采访了哈,出名了!"

你可以回应常常接受采访的领导说:"老司机带带我。"

第二个原则:"好"。这个好的意思是要夸对方。

领导跟你开玩笑说:"哟,今天穿得不错,人模人样的。"

你可以回应说:"怎么,只许您每天美美的?"

或者:"跟您学的。"

第三个原则:"短"。这个的意思是,领导的时间一般比较紧张,很可能就是在走廊里与你擦肩而过,或者在电梯间相遇夸了你一句,你的回复一定要简短,否则领导还得驻足听你讲完。所以,最好的方式就是尽可能短平快地回复。

回复短这一点大家可以参考上面的例子,都是非常简短的一句话。

不懂幽默的员工不是好员工。幽默不但能够帮助你在职场关系中如鱼得水,还能帮你减轻压力,学会放松,让你的思维更敏捷，对你业务能力的提升和未来的成长也有很大的益处。

最后，请你记得幽默感是一个锦上添花的事情。幽默感的确很重要，但更重要的是你的工作能力、协作能力等。

领导篇:
用幽默拉近与下属的距离

幽默是一种高情商的表现。作为领导,能够把一群人逗笑是能力和智慧的体现,能给领导个人魅力加分,增加下属对领导的喜爱。幽默还能消除领导高高在上的感觉,表明领导是个平易近人、有人情味的人。所以,很多领导希望给下属留下幽默的印象。从另一个角度讲,下属也喜欢跟幽默的领导相处,愿意与幽默的领导沟通。

但是并不是每个领导都能够有高情商的幽默,有时候想要幽默却不得其法,导致效果不好,甚至适得其反,不仅没有拉近关系,还让自己在员工面前减了分。下面跟大家分享几个领导使用幽默时需要注意的雷区。

融入下属圈子,不要强行搞笑

有的领导为了显示自己平易近人,能够跟员工打成一片,喜欢猜测员工的喜好，希望借助他们喜欢的东西开开玩笑，拉近距离。我的第一个建议就是：千万不要为了融入下属圈子，一知半解就强行搞笑。

首先，你要做好心理建设，幽默只是为了拉近关系，并不是让你真正成为对方圈子中的一员。职场上不要想着跟下属真的能做朋友，你开玩笑的目的，是为了创造更好的工作环境，让团队变得更高产，让团队成员可以快乐工作并得到成长。职场中的上下级关系，就像角色扮演游戏。有这层身份的角色限制，你很难真的建立完全平等的朋友关系。

其次，你要知道，你不可能真正融入一个不属于你的群体，举个例子：

> 有一次一位大哥来我们工作室上课，他对我的学生们说："你们这些90后思想这么不新潮。我觉得你们还不如我呢，我才是真正的90后！"说完，他还觉得自己挺幽默。

如果本身不是90后，你不可能真的变成90后。这位大哥能这么吹嘘，就证明了"新潮"这个点其实他并不具备。不具备的点可以用来自嘲，但不能用来表现优越感。"我比你还懂你自己"这种态度在任何情境下，都是惹人讨厌的。

最后，你不融入下属圈子也可以做一个有趣的人，可以很好地跟年轻人相处，甚至让年轻人喜欢你。

在这方面，很多广受欢迎的前辈做出了优秀的示范。比如张召忠，他就只讲自己熟悉的领域，比如军旅生活、国防建设，只在自己的专业范围内做一个有趣的人。但这并不意味着他不被广大年轻人喜欢。每个年龄都有每个年龄的有趣，大家喜欢的是你本身真实的特色，不要失去你的特色。

所以，你可以放下一定要讲笑话融入下属、融入年轻人的执念了。只要你自带特色，下属自然会注意到。

不要把下属的客气当欣赏

领导讲了一个笑话，下属都会哈哈大笑，但其实很多时候并不是你真的幽默，而是大家给你面子。所以不要自我感觉良好，以为自己真的幽默。不信你故意讲一个烂笑话，你会发现下属还是照样笑。

把下属的客气当欣赏有什么问题呢？因为你受到了鼓励就会常讲笑话，这样其实会让你的员工很郁闷，老得应付你，不仅增加他们对你的不满，影响工作的效率，还会背后嘲笑你。

在美国情景喜剧《老友记》当中，钱德勒是老板的爱将，老板觉得他工作优秀，所以老打他的屁股表示赞赏。这让钱德勒很受不了，但碍于老板的淫威，他没敢跟老板沟通，搞得最后同事看他的眼神都很不对。后来他实在忍不了，就跟老板直说了。老板为了让他不难受，只好把所有同事的屁股都拍了一遍。

那有什么解决方法，能让你真的了解自己是不是幽默呢？最好的办法就是，你需要找一群跟自己没有利害关系、完全不怕得罪你的人测试一下。比如回家跟你爱人讲讲，给你老爸讲讲，如果他们都笑了，那可能就是真的幽默了。当然，最好的方法还是到我们的开放麦舞台试一试。

不要用幽默掩饰自己的错误

如果你违反了你自己制定的规章制度，不可以用幽默的方式一笑置之。比如你说过开会迟到者罚款 500 元，结果你迟到了一个小时。你当然可以幽默地吐槽这简直是搬起石头砸自己的脚，但是你仍然需要向大家真诚道歉并交罚款（甚至交双倍），否则会给人一种不公平且你想蒙混过关的感觉。

说了那么多的"不要"，那什么才是正确的幽默呢？

其实，下属最渴望的是个人的成长，如果你可以创造一个非常有益于快乐工作的工作环境，你会是一个优秀的领导。下面我们看看幽默被高频使用的四个场景。

幽默使用场景
① 批评下属
② 表达愤怒
③ 鼓舞士气
④ 承认错误

批评下属

领导批评下属的时候，下属出于防御的本能，会对领导所说的话产生抗拒。如果领导言辞犀利，就更容易造成下属情绪激动，影响批评的效果，甚至会引起员工的对抗情绪，导致气氛紧张，无法真正达到批评的效果。如果能够很好地使用幽默，就会有效地缓解员工的紧张情绪，取得更好的批评效果。在这个场景中，我有三个建议：

1. 责人先责己

你在批评员工的时候先做自我批评，再批评员工。因为你授权给下属做事，但这不意味着你也授责给下属。工作没做好，你作为领导是有责任的。

2. 小错说重，大错说轻

批评下属的时候，有一个"小错说重，大错说轻"的原则。

如果员工犯的错误不是很严重，领导可以通过幽默的方式，把问题点出来，让员工认识到自己的错误。比如，员工偶尔迟到或者工作拖延，对这种错误员工本身是知道的，作为领导可以再强调一下："都是老员工了，怎么还犯这么低级的错误，要犯也要犯高级一点的嘛！"当然，领导并不是真的希望员工犯其他的错误，这样说只是不想制造紧张气氛。

也许你担心幽默的批评不能让员工引以为戒。其实，那不是批评本身的问题，而是公司制度没跟上。比如公司不打卡，说好10点上班，可是总有人11点才到，一旦遇到会议，所有人都等他。对此公司应该有相应的惩罚制度，从根本上解决问题。

只有制度完善了，领导才可以真的轻松开玩笑：

> 小田今天又迟到了，眼看咱们的团建基金又多了500块，咱们去哪里好好吃一顿啊？
>
> 小田你要注意啊，再迟到两次，就算是我跪着求大老板不要开人也没有用了。

公开批评很容易让员工感觉自己没面子，从而产生抵触情绪。但是，对一些小错如果放任不管，就容易引起大问题。用幽默的方式进行批评，可以把事情的严重性点出来，既能够让员工感受到你对他的善意和帮助，也不会让他下不来台，同时深刻地认识到自己的错误，对其他员工也是一个提醒。

3. 表明态度即可

员工的业绩没有达标的时候，你只需要一点小小的幽默，大家就知道你的态度了。

> 老板：这次大家业绩参差不齐，咱们的待遇是不是也得体现一下啊？这次如果咱们还有奖金去度假的话，业绩高的坐头等舱，业绩低的坐经济舱。小张负责接送机，小赵就负责给小张打车。

表达愤怒

领导确实可以从业务上、从职场的方方面面去帮助下属,辅导下属,甚至充当导师,帮助他成长,但这并不意味着领导要包容下属的一切错误。任何一段健康的关系,都应该允许彼此表达愤怒。如果下属实在是因为年轻没有经验,把工作搞糟了,造成了严重后果,或者他说的话欠考虑,让你生气了,那么为了你们关系的健康,你反而需要表达出来,而不是独自生闷气。

但是表达的方式并不是直接对着对方咆哮。生气和愤怒背后真正的情绪其实是伤心。每个人的视角因地位、工作经验和人生经历等的不同而不同,如果一个人无法完全理解你的视角,就容易出现理解偏差,偏差大的时候,他的做法或者说法就有可能伤害到你,而他却不自知。

大多数时候,我们作为职场人士是理性的、克制的,可是在你真的很生气的时候,你可以跟对方说他的说法或者做法如何伤害了你。比如你可以说:

> (开玩笑的口气)好啊,竟敢先斩后奏,你小子眼里还有没有我这个领导!(换成真诚的语气)小王,我一直觉得我真的很信任你。你没有按照我们说好的来执行这次活动,让我感觉自己被忽视了,不被尊重。

此时你可以静静地等他反馈，记住，你只需陈述自己的感受，不要指责对方。对方此时一定会反应过来——"原来领导是这样想的！"他会与你产生共情，解释自己的动机，甚至向你真诚道歉。

当然，如果你希望达成这种理想的结果，最重要的是不要预设下属是故意让你难受的。要相信他，给他展示你的视角，让他来主动沟通和道歉。

你看，幽默是需要真诚来助力的，在职场上尤其如此。如果领导与下属之间只有嘻嘻哈哈，将很难触及核心的问题，毕竟职场是需要解决问题、协作产出的；可是如果只有心对心、眼对眼，又过于尴尬和沉重。幽默＋真诚则可以让你成为一个领导力十足的人。

鼓舞士气

现代职场，每个行业都压力巨大。面对压力，员工自然很容易产生负面情绪。作为领导，做好下属的思想工作，让员工能够随时保持良好的工作状态，是非常重要的。

做下属的思想工作时，基本上都是员工处于负面情绪的时候，所以，在进行正式沟通之前，先用幽默把负面情绪化解掉，再进入正题，就很容易解决问题。甚至很多时候，思想工作要做的就是解决下属的情绪问题，一旦情绪问题解决了，其他问题也就随之迎刃而解。

如果可以用幽默的方式来进行思想工作，不仅可以活跃工作氛围，还可以在很大程度上激发大家的工作热情。

> 小吴在公司已经工作了两年时间，属于小白兔类型的员工，也就是说，虽然态度不错，但是业务上一直长进不大。最近一段时间，她似乎进入了职业倦怠期，失去了向上的动力。
>
> 为了激发小吴的上进心，领导把她叫到办公室，对她说："一个单位的员工，就好比一个键盘，每个人都是这个键盘上的一个按键，每个按键都要发挥自己的作用，这样才能显示自己的价值。但是，绝不能成为键盘上的F7，一直放在那里，却不知道能起到什么作用！"
>
> 最后，领导又鼓励小吴说："一定要加油啊！加柴油或者加汽油都行，只要不加地沟油！相信你一定能行！"

承认错误

虽然领导在工作能力和工作经验上都要比员工强一些，但领导也是普通人，在工作中也会犯错。比如，因为决策失误而影响了下属的业绩；或者在狠狠批评了下属之后，却发现下属是被冤枉的。在这种情况下，作为一个有责任心、有担当的领导，当然要向下属承认错误。

但是，直接认错，一方面有些领导会在面子上过不去，另一方面，对下属来说其实也是一种压力。这时候，幽默就派上用场了。

> 有一天，小陈去见一个客户，跟赵经理报备说下午3点一定能回到公司，可是最后直到快下班他才返回公司。赵经理非常生气，劈头盖脸地把小陈批评了一顿。可是事后才了解到，小陈之所以没按时间返回公司，是因为客户那边突发状况，他中途返回帮助解决了。
>
> 原来，小陈拜访客户的过程还算顺利，但是客户并没有当场签单，而是说再考虑一下，双方约定三天之后再进行沟通。拜访结束后，小陈正准备返回公司，客户办公室的电脑突然出现故障，如果不及时修复，电脑里的许多重要资料都会丢失。小陈原来学过一些电脑维修的知识，平时在公司就经常帮同事们处理电脑的小毛病。所以，他决定留下来帮助客户解决问题。
>
> 硬件、软件都检查了一通之后，小陈发现是内存卡出现了问题。客户拿出新的内存卡，小陈帮助进行了更换，最终电脑被修复，客户的重要资料也得以保留。客户对小陈表示了感谢，而且没有让小陈再等三天，而是

当场便签了订单。虽然成功签单,但是由于帮助客户修复电脑,小陈耽误了回公司的时间。

赵经理了解到这个情况之后,在周末总结会上公开向小陈承认错误。赵经理是这样说的:"最近工作太忙了,而且都是烧脑的事情,我这脑子被烧得不好使了。昨天竟然没问明白情况,就对你进行了严厉的批评,在这里我要真诚地向你道歉!"

案例中的赵经理用"脑子被烧坏了"作为笑点,自嘲了错误,这样的道歉不仅有诚意,而且效果很好。首先,给了下属一个明确的道歉;其次,也间接地说出自己犯错是因为工作太忙,而不是有意为之。这样的说法,更容易让下属体谅到领导的不易,在心理上更容易接受领导的道歉。最后,通过幽默的方式,让气氛更轻松,避免了下属在接受领导正式道歉时的拘束和尴尬。通过幽默的方式给员工道歉,显示了领导的胸襟,也表现了领导的幽默感和情商。

幽默除了可以提升人际关系,在职场中更重要的是还可以用来鼓舞士气、降低职场压力。领导喜欢自嘲、能举重若轻地对待压力和员工的失误,就可以以身作则,创造一个良好的工作环境。

普通人也能在聚会中成为焦点

在聚会中,常常有一个人或几个人会成为聚会的焦点。能够成为焦点的人,大概有两种类型:一种是自带光环的,另一种就是通过自己的幽默和睿智的谈吐活跃气氛,借助自己的幽默感成为一个受欢迎的人。

在饭局或者聚会上,你需要首先明确一点,这是谁的主场?

一般聚会的组织者或者群体中身份地位最高的人,很大可能就是聚会的焦点。但这并不意味着你只能默默吃饭,你可以通过展现自己风趣幽默的谈吐,烘托气氛,引领话题,让宾主尽兴,成为受欢迎的聚会小王子。一般来说,我们可以从以下三个方面入手。

烘托气氛

饭局是除了工作之外,大家难得可以抛开工作,谈谈其他事情的场合。幽默感强的人，在聚会的时候能够不断制造幽默话题。通过这些幽默话题，可以把整场聚会的气氛调动起来。去年我回老家参加了一个同学聚会，组织聚会的是一位幽默感十足的同学。在整个聚会过程中，这位同学一直在制造幽默，让现场的气氛一次次因为她的幽默热闹起来。

我在这里复盘一下当时的聚会情形：

> 那场聚会去了很多同学，有一个同学因为住得比较远，又赶上堵车，所以超过聚会时间半个小时还没到。因为当时已经过了饭点，所以有人就表现出烦躁的情绪。这时候，我的这位同学拿起电话，打开免提给那位同学打电话："领导，你还有多长时间才能到达战场啊？同志们都快饿晕倒了！什么？你才走了一半，你是一边跳舞一边来的吗？"

"同志们都快饿晕倒了""一边跳舞一边来"，这都是幽默的表达方式。之所以用这种比较夸张的说法，其实是想提醒迟到的同学快一点。这样的方式，既不会给迟到的同学造成太大的心理负担，同时又能调动现场的气氛，消除一些沉闷和抱怨的情绪。

找准话题，引发共鸣

找一个大家都熟悉或者共同关注的话题，用幽默的方式表现出来，这样大家都能听得懂，也更能够在你的幽默中找到共鸣。

还说我那位同学：

> 聊天时，我称赞她说："你看起来比大家年轻多了，一根白头发都没有，你再看看我，已经有好多白头发了！"
>
> 她哈哈一乐，说："像我这种猪脑子，怎么会有白头发！"

酒桌上，同学们相互敬酒，这位同学说："不要给我敬酒，把我灌醉了，就没有人买单了！"

聚会结束的时候，这位同学发现有人已经在她之前买过单了，就很伤心地对大家说："你们知道吗？我刚遭遇了人生最大的打击，竟然有人跟我抢着买单，是谁抢了我的单？你站出来！"然后她嫣然一笑："下次聚会我还叫你！"

感慨岁月催人老、拒绝敬酒、买单，这些都是同学聚会时容易发生的情况，也是一些比较让人尴尬的事。这些话题，通过我这位同学的幽默表达出来，非常容易引起大家的共鸣，既愉悦了大家，也活跃了气氛，还避免了尴尬。

当然你也可以找一个大家有共鸣的话题，适当自黑一下，把自己遭遇过的糗事、囧事讲出来，让大家开心一下。用自嘲、自黑的方式表现你的幽默，很容易让其他人产生优越感，继而产生幽默的效果。不过，在自黑之前，要确保自己有足够的心理准备，虽然别人并不会因此而看低你。

化解别人的尴尬

在整个聚会的过程中，这位同学一直在留意其他同学所聊的话题。如果遇到一些尴尬的场景，她就会利用自己的幽默随时加入聊天话题当中，调节现场的气氛，化解一些尴尬。

> 同学聚会，大家聚在一起，聊得最多的无非就是彼此的事业、家庭、情感等话题。席间有一位同学说："我现在在某个邮政部门工作。"
>
> 另一个同学脱口就问："现在邮政部门还能吃饱饭吗？"此话一出，立刻冷场。
>
> 这时候，坐在旁边的一个男同学急忙打圆场说："吃不饱最好了，吃太饱不健康。"
>
> 组织聚会的那位女同学也插话说："吃不饱饭也没关系，可以吃小龙虾，火锅和烧烤也可以。"

在聚会上,一个女同学还是单身,于是另外一个比较热心的女同学就劝她早点找个男朋友。"眼光不要太高了,不要总想着找钻石王老五。"

那位单身的女同学听了这话,面露愠色。

组织聚会的女同学便对那位热心的同学说:"钻石王老五确实挺难找,可以找找白金王老六,不过推销脑白金的就算了。"

有时聚会上还会出现耍帅秀优越的人,你需要在他太过分、伤害到别人的时候,杀杀他的威风。同时也要在别人不方便、不愿意说某个话题的时候,帮别人化解一下尴尬,甚至可以牺牲自己,把火力引到自己身上。

聚会的目的是为了欢乐,好聚好散就是最好的局。用你的幽默,给大家留下美好的回忆,这样大家会记得你,下一次聚会时你将会是所有朋友都盼望见到的人。

本章小结

1. 自我介绍是每个人都会碰到的,从小到大,每个人都经历过无数次自我介绍。借用名人、吐槽职业、利用地域成见、给自己编一个故事,每一种技巧都可以作为介绍自己的方式,把这些技巧与幽默的技巧结合起来,能让你的自我介绍更出彩。

2. 把一个人介绍给一群人时,要抓住这个人最独特的特点;给彼此不熟悉的两个人互相介绍时,最好能找到彼此的共同点,这样能够迅速拉近彼此的距离。

3. 现实中没有什么即兴发言,你听到的那些精彩的即兴发言都是提前准备好的。日常做点储备,为自己的即兴发言准备一个应急即兴演讲包,你的即兴可能就会让别人很尽兴。

4. 在职场上,无论你是领导还是员工,适时地幽默都是你的加分项。

5. 聚会时的幽默,不仅能给人带来快乐,还能帮人化解尴尬。在很多时候,一个幽默的段子能起到四两拨千斤的作用。适度的幽默,能够让你成为任何聚会中的焦点。

练习作业

请你分享最近你参加活动或聚会时,利用"抓手、观点、论据、呼吁行动"所做的即兴演讲。

7 巧妙化解生活中的尴尬场景

你是不是经常出于各种原因让自己身处尴尬、窘迫、棘手的场景中,无论是别人的故意刁难还是无心之言,都可能触到你的痛点。选择低头认,你心里委屈;选择反唇相讥甚至开口怒骂,又感觉有失风度。与其事后懊恼或者羞愧,不如学一点幽默自救。这一章我将与你分享化解尴尬的7种幽默武器。无论走到哪里,你都可以随时携带,将尴尬化解于无形。

先承认，再化解

这一章我们来看看怎么用幽默化解尴尬。

生活中常常需要你临场应变，化解尴尬。比如两个同事说话的时候把话说僵了，你怎么打个圆场；或者是你一不留神，把私人的微信发到了群里，怎么挽回一下尴尬呢？

化解尴尬是我们作为一个社会人必须具备的技能，这正好是幽默所擅长的。在脱口秀的舞台上，演员每一秒都需要对临场情况进行快速应变。我们在训练演员快速应变之前，会首先训练两种心态，这也是我希望你去调整的。

幽默应变的两种心态

第一种心态：出现尴尬、失误、意外，不要花时间震惊和纠结，要迅速接受失误。

在生活当中发生意外时，很多人的第一反应是懊恼、愤怒、生气、不接受，然后花很长的时间去消化这些情绪。但如果在别人还在震惊的时候，你就已经接受了意外，那你的反应时间就比别人要短。

所以如果你希望快速反应的话，第一步就是要缩短你的接受时间。你可能会问，怎么练习这样的心态？我给你一个练习，你只需要找一个小伙伴就可以一起训练。

这个练习的名字叫作"面试"。你们两个人一个是面试官，负责提问，另一个是面试者，负责回答。面试官需要问面试者一系列问题，面试者需要永远回答"是的"。面试官要设计一些几乎矛盾的问题，而面试者必须回答"是的"。

打个比方，面试官可以说："你是一个聪明的人吗？"面试者要回答"是的"；面试官可以接着问："你是一个笨蛋吗？"面试者也要回答"是的"，这样就有了一组矛盾的问题。当然面试官可以接着问："那你怎么能既聪明又笨呢？"面试者还是只能回答"是的"。

这个游戏的关键并不是需要面试者想出来为什么自己既聪明又笨，而是他需要在整个游戏过程当中感受每一句话给他带来的情绪，无论这种情绪是什么，他都必须马上说"是的"。

比如，"你聪明吗"这句话可以给你带来一种比较愉悦的感觉，你能比较轻易地说出"是的"。但是当被问到"你是一个笨蛋吗"，你可能心里面会觉得有些自卑和懊恼，但你也必须马上说"是的"。

总之,这个训练的重点是,不管你的情绪怎么样,你要永远是接受的状态。这样当发生意外和失误时,你就不会恐慌了,也会很容易接受失误已经产生了,或者自己已经被指责了这个事实。而当你比较镇定的时候,你就可以把全部的精力放在反应上面。

好,接下来需要你更进一步,把失败看作一个礼物。

在即兴喜剧的舞台上,我们通常把意外或者失误理解为在常规的剧情当中引入一个新元素的机会。也就是说,如果演员能够在原来的叙事逻辑中合理化这个新元素,故事就会朝着更新鲜的方向发展。

所以我们说,在即兴喜剧的舞台上没有失误,只有机会。

> 举个例子,有一次我们的演出团队邀请了一位观众上台,演员哭丧着脸对观众说:"爸,我分手了,他把我给甩了。"但是被请上台来的观众一直在呵呵笑,完全没有进入剧情,这位演员就接着说:"我都分手了,你还笑得这么开心,你是不是我爸呀!"

舞台上你巧妙地抓住了失误,把它变成了人物性格的一个部分。在生活中,如果你也能像这样抓住一次失误,化解危机,人际关系没准儿还能更往前一步。

以上就是你需要具备的第一种心态：要快速反应，快速接受错误，把它当作一个礼物。

第二种心态：相信自己的心，一定能有答案。

也就是说不要慌，你一定可以答上来，但是这个答案不是用脑想出来的，而是用心感受出来的。换言之，你的心比你的脑要快。快速反应的关键不在脑，而在心。在即兴喜剧的舞台上已经无数次证明，当你的头脑还在发蒙的时候，你的心已经做出了反应。

这个世界上的智慧有两种：第一种是我们通过读书、思考学习到的；第二种是完全依靠直觉和本能，用我们自己身体的能量去激发创造出来的。

我们比较熟悉思考和逻辑推理的系统，而且花了很多的时间和金钱打磨这套系统。但是很有意思的是，大多数人却任由我们无意识、即兴的系统荒废。

如果你想要快速反应，你需要同时运作这两套完全不同的体系，用逻辑思维来获得思考的方向，用感受来让心的信息快如闪电地送达。

"是的，因为"合理化技巧

明白了快速应变的两种心态之后，你可能会问，怎样才能做到"先承认,再化解"呢?这里,我教你一个技巧,叫作"是的,因为"。

"是的,因为"也叫"合理化技巧",也就是将错就错。一个尴尬场景出现时,你要解释为什么这种尴尬是合理的,而且最好它比之前的正常情况还要合理。

先来看一道"送命题":

你和老板、同事去吃饭,老板伸出筷子正要夹面前的猪肘,结果你竟然把它转走了,这个时候你怎么办?

知识点:如果因为自己的错误行为把自己陷入了尴尬境地,首先就是不能否认!

不能否认,不能否认,不能否认!重要的事情说三遍。一旦你否认,说"我没有啊!""不是啊!",你就很难解套了。

你需要做的就是立马接受这个举动,并且把这个举动解释为另有用意。比如上面的情况,你可以面不改色心狂跳地说:

"老板,这个大虾很新鲜,您尝一尝。"

你看,这个解释不但一下子把你和老板的尴尬都化解了,还显得你很会来事儿,领导也喜欢这样的下属。

幽默感

当我们遭遇他人的攻击,处于尴尬境地的时候,我们的本能是直接给予否定:"你说的不对!"而此时的否认无异于将双方都推到无路可退的境地,一个人的尴尬会变成两个人的窘迫,不但不能解决问题,甚至还会加深问题的严重程度。反过来,如果这时候我们选择先接受,再化解,那么事情还有回转的余地。

> 奥巴马在一次国事访问中,为以色列的大学生做了一次演讲。在演讲的过程中,突然有名学生大声抗议闹场,安全人员随即将这名学生带离会场,但引起的骚动让现场陷入了尴尬的境地。
>
> 奥巴马这时说:"事实上,这是我们事先安排的,这样才让我感觉像在美国一样。"
>
> 这句话瞬间化解了现场的尴尬,在哄堂大笑当中,奥巴马又补充了一句:"如果没有人闹场,我会觉得怪怪的。"

奥巴马的随机应变既显示出了他的风度和幽默,也给他的演讲带来了新的话题。

崔永元在采访易中天的时候,也发生过类似的情况:

> 崔永元:"我特别尊重被采访者。您有什么问题不可以问,有什么问题不方便说,现在就告诉我。"

易中天："八卦问题别问，个人问题不说，家庭问题不问。这个我已经不堪其苦。"

崔永元："这些问题都不能问是吧？"

易中天："是的。"

崔永元："谢谢大家收看今天的节目。"

崔永元面对易中天对于采访的抗拒，并没有直接表达不同意见，也没有开始说服，而是先假装接受了对方的要求，然后告诉大家这样做的后果是什么，暗示了易中天要求的不合理。

这是一个很聪明的先接纳再解决的例子。很多时候，对方的语气来者不善，与其正面交锋，搞得不欢而散，不如避开锋芒，以退为进。

除了具有攻击性的语言会造成尴尬之外，有时候，一些不合时宜的夸奖和奉承也会造成尴尬。在遇到这样的情况时，我们同样可以利用先承认后黑化的方法来化解尴尬。只不过，黑化方向会与之前攻击性语言的回应有所区别，更多的是以自黑的形式进行。

幽默也是有"能量守恒"的。所谓能量守恒，就是如果互动的前半部分比较正经，那么后半部分就要比较俏皮，这样才能有幽默的效果。相反，如果前半部分比较俏皮，那么后半部分就应该比较正经。

> 黄渤在参加小S（徐熙娣）的节目时，小S故意为难黄渤：
>
> 小S："我和林志玲掉到水里你先救谁？"
>
> 黄渤："你啊！水才到这里（比脖子的部位），她可以自己站起来。"

面对这种通常在网络上被称为"送命题"的提问，黄渤的回答堪称先正后邪的典范。

总而言之，先承认、后黑化这样化解尴尬场面的方法，其实是机智互动的能量守恒原理的一种应用。

把别人的球踢回去

我们遇到一个问题不愿意正面回答时,可以把问题的主要原因归结于对方,把球踢回去,难题自会化解。

有一次,郭德纲一上台,还没开始表演节目,底下观众就大喊:"老郭你胖了!"

郭德纲面不改色地说:"你家电视该换了。"

直接驳斥显得不近人情,置之不理显得不尊重观众,认真回答又体现不出喜剧演员的魅力,郭德纲将观众所说的自己胖了的原因归结于观众自家电视的问题,巧妙地将球踢回给了观众。

在生活中,我们也可以在很多情境中使用这种方法。

一个女孩抱怨自己的男朋友说:"你怎么天天加班忽略我?"

男朋友说:"不然你看好的包,我怎么给你买呢?"

潜台词是"作为女孩,你能不要包包吗?"这个新问题足够让对方思考一阵了。

面对女朋友的质问,正面解释明显是一种不明智的选择,直接把加班和挣钱养家联系在一起,也不足以平息女朋友的怨气。所以,男生选择了在加班与更好地照顾女朋友的需求之间创建联系,把总是加班的原因归结为自己想要给女生朋友更好的生活。这种解释,既是化解之法,也是一种变相的情话,可以有效地降低女朋友的不满程度,巧妙解决棘手的情况。

这种将责任归结于对方,把别人的球踢回去的技巧,能够有效地转移尴尬问题发生的场景,从而避免或者化解尴尬的情况。在使用这种方法的时候,有以下两点需要格外注意。

明确话语中的主要矛盾

以上面讲过的郭德纲的段子为例,在观众所说的"老郭你胖了"这句话里,主要的矛盾是"胖",而导致"胖"的原因有很多,可能是真的胖了,也可能是服装的问题。郭德纲从观众的角度出发,说自己变胖的原因是观众家里的电视有问题,这样球就被成功地踢回了观众的脚下。

控制把球踢回去的力度

指出对方的问题从某种程度上讲是一种反击。一般来说，问出棘手问题的人未必是有心，即使是有心，也是为了开开玩笑，活跃气氛，真正有恶意的人不多。所以反击的时候需要注意力度，避免攻击性太强而破坏关系。

> 有一次崔永元采访赵本山。
> 崔永元："你怎么看现在有些人赚钱很容易，写一幅字卖了92万？"（赵本山慈善拍卖晚会上一幅字卖了92万）
> 赵本山："嗯……任何东西都是由市场决定的。"
> 崔永元："你看今天这个阵仗，这么多人、这个场地得花不少钱呢。您再给写几个字呗，写完了我们开卖，然后就把晚会的钱挣回来了。"
> 赵本山："那你安排个人买了吧，你别把我晾这儿。"

这种把球踢回去的力度的把握，与自身的身份、地位，以及所处的场景有着密不可分的关系。如果一个人的影响力较大，一言一行都会对其他人产生重要的影响，那么在把球踢回去的时候，就要相对含蓄地表达，否则不仅显示不出幽默，还有可能引发对方真正的攻击性。

另外，提问人与自己的关系也是主要的影响因素之一。如果面对年龄、辈分或职务高于自己的人，我们应该尽可能地收敛，从与对方相关但不涉及对方自身的角度进行回应；如果面对比较熟悉、年龄相仿的朋友，回应力度可以相应地放大，甚至可以有一些无伤大雅的玩笑。

重点偏移，
故意答非所问

重点偏移，故意答非所问，简单来说就是假装听错了重点，避开提问的锋芒，给一个无伤大雅的回答。与把别人的球踢回去不同，重点偏移，是不接对方踢过来的球，或者把这个球换个方向踢到别处去。

比如，你买了辆普通的车，同事问你的时候，你不想因为自己的车太普通而丢面子，你可以用答非所问的方式，跟同事玩个小游戏：

> 同事：你买的什么车呀？
> 你：四轮的车。
> 同事：我是说什么牌子？
> 你：哦，牌子还没上，上了后再告诉你哈！

显然，同事想问的是你买的是什么价位、什么档次的车，而你回答四轮车和没上牌子，显然是没接对方的球，但是，这样的回答也不能说错，对方也无话可说了。如果对方也是一个懂幽默的人，就会哈哈一笑，不再追着你问了。

运用重点偏移的方法，有两个主要技巧。第一，逻辑性的重点偏移；第二，语音上的答非所问。虽然这两种技巧的操作模式不同，但最终的作用和效果并无二致。接下来，我们分别进行详细的讲解。

逻辑性的重点偏移

所谓逻辑性的重点偏移，就是在提问的话语中寻找逻辑上的重点和非重点，然后将二者进行替换，最后根据新设定的提问重点进行回答，实现答非所问的效果。

> 老师在上课的时候，发现一个男生在偷偷玩手机，于是就点名让他站起来，问他："你为什么在课堂上玩手机？"男生回答："因为我的平板没电了。"

其实所有人都清楚老师询问的重点是为什么要在课堂上做一些与学习无关的事情，玩手机并不是重点。但这个同学却选择了将老师所说的话的重点进行偏移,从老师和其他同学意想不到的角度,回答了这个问题。虽然答非所问,却可以形成笑点,从而在一定程度上平息老师的怒火,减轻或消除自己即将得到的惩罚。

文字梗化解尴尬

除了在语句的逻辑上做文章以外,我们还可以对文字进行一定程度的处理,巧妙地利用谐音字,实现答非所问的效果。

> 一个顾客肚子非常饿,去了一个日食料理餐馆,发现只有鳗鱼饭。他很沮丧地质问厨师长:"为什么只有鳗鱼饭?"
>
> 厨师长微微一笑,说道:"因为快鱼都游走了呀。"

"鳗鱼"音同"慢鱼",厨师长通过两组谐音的词汇,将顾客因为没有其他种类食物而导致的愤怒质问,举重若轻地化解了。虽然厨师长并没有直接回答顾客的问题,却用答非所问的方式成功制造了笑点,在缓解了顾客不满情绪的同时,也避免了自己陷入被顾客纠缠的尴尬当中。

在网络上,有这样一个关于采访的段子:

> 央视记者:"你幸福吗?"
>
> 路人:"我不姓福,我姓陈。"

我们不去深究路人是故意还是无意,但他的回答无疑准确地制造了笑点,充分化解了这种直接询问相对私人化的问题所导致的尴尬。一般提问者收到答非所问的答案时,就知道对方可能不愿意回答这个问题,也就不追问了。可是,总有人在收到这种回答时,会因为受挫而恼怒,选择继续追问。这时候,尴尬的氛围非但没有降低,反而进一步加重了。所以,在使用这个方法时,我们一定要判断一下提问者的情绪状况。

一般来讲,提问的人处在激动、愤怒或者不安的情绪中时,不太适用这种方法。因为在这些情况下,提问的人往往迫切地需要得到准确的答案,如果我们避重就轻,在他们看来,这种做法就是对他们的敷衍或调侃,从而加重他们的焦虑和不满,也会让我们自己处在更加尴尬的境地。因此,在这些情况下,最好的办法就是多多少少给出信息,正面做出回应。

创造一套新逻辑

有时我们对尴尬情境感到无所适从,主要是因为被对方的逻辑套住了,这时你需要创造一套新的逻辑,可以把话题引导到别处,让谈话能够继续下去。

> 夫妻俩领着5岁的儿子去看相声演出,坐在剧场二楼。小朋友非常淘气地趴在栏杆上面,工作人员善意地过去劝阻说:"家长请好好看着孩子,小朋友掉下去就不好了,下面是贵宾席,掉下去还得补票。"

在这个段子中,原来的逻辑是孩子掉下去很可能会有生命危险,维持剧场秩序的工作人员前去劝阻也是为了孩子的安全着想。但是如果他直接出言喝止,很可能会引起孩子父母的不满。所以,工作人员非常巧妙地在原有的逻辑中引入了第二种逻辑,那就是孩子掉下去的话,会造成很大的金钱损失。相比第一种逻辑下的直白表达，第二种逻辑所使用的诙谐、幽默的语言更加容易被接受，同时也避免了孩子的家长因为被批评教育而陷入尴尬。

> 易中天有一次去讲座，主办方安排了领导干部坐在前排中间，市民在后排。在互动提问环节，一名市民抢过话筒说："第一排坐的都是市委领导，这个公平吗？"
>
> 主持人一听这话，脸都白了，立即说："这个问题可以不回答。"
>
> 易中天说："这个问题没有什么不能答，之所以这么安排，是主办方觉得领导干部更应该好好学习。"

在一般人的逻辑看来，政府官员、领导坐在前排是一种按照地位和职位进行区分对待的不公平现象，易中天机警地把这个逻辑转变成了一种课堂学习的逻辑，将参加会议与学习建立了联系。这样一来，这种座位安排就在很大程度上摆脱了地位差异，反而和更好地学习、更好地服务于大众形成了因果关系，成功化解了尴尬。

看到这里，你可能会说：我明白了，我要创造一套新逻辑。那具体怎么创造呢？创造新逻辑通常有两种方法，一种是拆分，另一种是暗示。

拆 分

所谓拆分,就是把原有的逻辑体系进行截取,保留一半,重造另一半,从而得到一种新的逻辑。前面我们提到的关于剧场工作人员的段子,就是典型的拆分式的新逻辑。

按照常规的角度来理解,工作人员所说的这句话的原本逻辑应该是,孩子如果掉下去会伤害到自己,而拆分后得到的新逻辑是,孩子如果掉下去需要补一张贵宾席的票。工作人员将原有的逻辑拆分成了因和果两部分,保留了同样的前提,同样的假设,只是修改了可能出现的后果,形成了自己新的逻辑,从而体现出了幽默感。

> 妻子骂丈夫:世上男人没有一个好东西。
> 丈夫赔笑脸:你不要这样骂你爸爸。

> 国外某政治领袖在演讲,有民众在底下骂:"垃圾!"
> 演说者不慌不忙地回道:"先生,我马上就要讲到环保问题。"

暗 示

暗示与拆分最大的区别在于,拆分是在原有的逻辑基础上进行加工和改造，而暗示则是将原有的逻辑进行延伸和扩展，从而得到在原有逻辑中隐含的新逻辑。

在了解了这两种创造新逻辑的方法之后，我们还必须要知道使用这两种方法的注意事项。

首先，在同一场景中，一定包含两组或者两组以上的概念，比如剧院有楼上、楼下，还有普通席、贵宾席。只有这样，我们才能形成至少两对不同的逻辑，才能保证可以从原有逻辑中创造出新的逻辑。

其次，找到两组不同的概念之后，把两者加以联系就可以。这个联系的思路一般是两者有什么相同，或者两者有什么不同。不同的话，我们就可以采用拆分的方法，将原有逻辑中包含的概念替换，从而形成新的逻辑；相同的话，我们就采用暗示的方法，把原有逻辑中的前提和概念替换成类似的前提与概念，在原有的基础上延伸出新的逻辑。

在创造新逻辑之前，首先要明白，按照人们的习惯，这句话要表达的本意是什么。这样才能在固定的场景中，寻找与原有的逻辑相顺应或者相悖的因素进行替换，创建新的逻辑。如果原有的场景不足以用于改造，可以引入新的场景，把原有逻辑延伸到新场景中，然后再进行创造。

指出"屋子里的大象"

西方有一个谚语,叫"Elephant in the room",意指"在房间里的大象"。这句谚语的意思是,在屋子里有一头大象,但是这屋子里的所有人都假装没有看见。换句话说就是,面对一个明显的问题,大家故意避而不谈或者视而不见。

遇到尴尬,避而不谈,只能算作一种治标不治本的缓解策略,因为所有人心知肚明,越是刻意地避开,可能后面会越尴尬。面对这种情况,有效的解决途径是承认大象的存在,这样基本上就能用幽默化解这个尴尬。

> 曾经有一个日本的脱口秀团体来中国演出,可能是因为有一些文化差异,现场的效果并不是很理想,甚至有些冷清,几乎没有人笑。主持人上台后说了一句话:"这恐怕是日本最冷的一个脱口秀团体吧,难怪来中国演出。"所有的观众都哈哈大笑起来,气氛也随之缓和了下来。

其实在这场演出的过程中,无论是演员还是观众,都清楚地感知到了节目的效果并不理想。但是作为演员,不可能自己拆自己的台,而观众面对辛苦表演的演员,也不好意思直接提出意见或看法,所以冷冷清清的节目就成了屋子里的大象。虽然表演的人以及观看表演的人都清楚地知道"大象"的存在,但谁都不愿意说出来,所以台上的人一直在尴尬地演,而台下的人也只能尴尬地看。直到主持人直接把导致尴尬的"罪魁祸首"摆上台面,并且进行了幽默化的加工之后,现场的尴尬才被打破,气氛才得以缓和。

承认"屋子里的大象"是非常好的洗白术。如果之前你在别人面前留下了污点,幽上一默,过往的事件可能就翻篇儿了。

> 雷军被邀请上《奇葩说》。何炅介绍道:"今天的男神 Men God 是 Are you ok 的雷军先生。"而雷军一上场就说:"Ladies and Gentlemen,are you ok? 你们有没有在 B 站听过我的歌?"

这里雷军通过大大方方地接受自己因为英文不好而被恶搞的事实,来承认"房间里的大象",反而化解了尴尬。聪明人不怕被戳痛点,首先痛点一旦被戳多了,公众反而对这个痛点失去了新鲜感,没了兴趣,就不会再烦你了。其次,自戳痛点的人会给观众留下自信且平易近人的印象,是非常好的公关术。

"屋子里的大象"其实就是说出真相,类似《皇帝的新装》里孩子指出真相,你的勇气让观众长舒了一口气,缓解了人们内心压抑的禁忌和焦虑。

> 老板在新年大餐前给全体员工开了一个冗长的会议,最后由副总上来做总结陈词。
>
> 副总知道大家早都坐不住了,于是他是这样说的:"我知道大家都在期待新年大餐,所以我的发言会力求简短。谢谢大家,现在我们出发吧!"
>
> 台下员工哄堂大笑。

所以,有时候并不一定非要脑筋急转弯,审时度势、简单明了地点出情境中的真相,一样可以达到化解尴尬的目的。

破解尬聊，
故意说假话救场

这一招就是说一个明显的谎话，让对方的问题不了了之，其实就是你常常听到的"一本正经地胡说八道"。大多数人看见你认真严肃地说一个特别明显的假话，都会哑然失笑，忘了原先自己要问什么，即使想起来，对你的攻击性也会消除大半。

在综艺节目《中国好声音》里，导师谢霆锋和李健在抢一名选手。这名选手的本职工作是厨师，于是他就问两位导师都有什么关于吃的音乐代表作。谢霆锋不假思索地说："我的《锋味》就是代表作！"李健也不示弱，说："我写过《贝加尔湖畔》《松花江》，那里面有的是吃的，都是鱼。"幽默的回答令两人都涨粉不少。

《权力的游戏》最后一季，演员在接受采访，当记者

> 问"你认为最后一季怎么样"的时候流露出微表情,记者捕捉到了,不嫌事儿大地问:"你是不是也觉得烂尾?"演员无奈掩饰,大声地说:"这是最好的一季!"

他的表情故意让观众看出来他说的是假话,是一个明显的假话。所以,说假话很关键的是态度和表演。

当然,在化解尴尬方面,自黑、自嘲、自我贬低也是特别好用的招数。只要你能低头,就能解套。

> 脱口秀演员宋启瑜有一次在游轮上演出,演出效果不是很好,他就临场应变说:"大家知道,在游轮上演出有个好处,就是你们没法要求退票,因为退了以后,你们不知道到底要去哪里。"底下的观众调皮地说:"跳海我也要退。"他就说:"不要啊!鲨鱼说,别跳了别跳了,下面的人已经吃不完了。"

这就是一个自贬的招数。

每个人在生活中都会遇到尴尬的场景,或是因为自己的行为让别人陷入尴尬,或是别人的言谈让自己陷入尴尬。无论是有意还是无意,幽默都是化解尴尬的最好方式。

有情绪，
先幽默回应情绪

我已经跟你分享了 6 种幽默的犀利武器。然而，幽默不是忍让，幽默是人与人之间试图让对方同理的沟通，更是人际压力的释放。我始终觉得，在人际交往中，如果你陷入的困境已经触动了你的情绪，尤其是负面情绪，你应该首先去做情绪的回应，表达自己感受到的负面情绪。幽默首先是要疗愈自己，如果你自己都压着怒火，怎么可能把欢乐带给他人。当然这个表达可以借助幽默。

我的一位朋友就曾经被人提出过很无理的要求。

她一位 20 多年没有见面的老同学，一加上她的微信，就迫不及待地要求她给自己介绍投资人，还指名道姓说要找马云。遇到这样让人很无语的事情，虽然可以用幽默的语言回击，比如"你太幽默了"，但是你一片叙旧的热心已经被打击了，甚至你都伤心了。这时你不妨半真半假地跟她说："啊，我真是太伤心了，

20年没见,我只想着你,而你却想着一个男人!"然后你可以接着开玩笑说:"老同学,谢谢你这么看得起我啊。你这要求就好像'你给我介绍一下特朗普,帮我去要个绿卡呗?'臣妾哪里做得到啊!"

所以,有情绪,先用幽默回应情绪。因为幽默是爱他人,更是爱自己。

本章小结

1. "是的,因为":先接受一个设定,进入这种设定之后再给出一个理由,说出为什么这样,也就是先承认再歪解。
2. 当我们收到一个问题不愿意正面回答时,可以把问题的主要原因归结于对方,把球踢回去,将问题抛给对方,以轻松的态度反守为攻,化解难题。
3. 重点偏移就是故意假装听错,避开对方的锋芒,给一个偏离重点的回答。重点偏移分为从逻辑上偏移和从语音上偏移。
4. 创造一套新的逻辑,把话题引到别处,可以防止被对方的逻辑套住。创造新逻辑的方法有两种:拆分和暗示。
5. "屋子里的大象"是一个尴尬的真相,直接把这个"大象"指出来,让别人的压力得到宣泄和释放,幽默由此产生。
6. 说一个明显的假话,让对方的问题不了了之,帮自己化解尴尬,这就是说假话救场。

7 巧妙化解生活中的尴尬场景

练习作业

想想你在生活中经常遇到哪些让你尴尬的场景，你或者别人是怎样化解的？结合自己遇到的尴尬场景，运用我们学到的这几个技巧试着帮自己化解尴尬。

8 不懂幽默怎么讲故事

在生活中，有些人特别擅长讲故事，不管大事小事，他一讲都特别精彩。会讲故事很容易让你成为受欢迎的人。相反，如果故事讲得不好，不仅会让人觉得乏味，还会在一定程度上影响别人对你的能力的判断。讲故事是职场和人际关系中重要的技能。要想讲好故事，最好的办法就是往故事里面加点"料"，这个"料"就是幽默。

好故事要够"悲情"

我们说过幽默让人发笑的机理之一就是优越感,所以,讲述自己或者别人的失败、痛苦、悲惨的事情,容易让听众产生优越感,从而具有幽默的效果。所以,一个好的故事,要足够悲情,以满足听众"优越感"的心理需求。我在这里给大家讲一个故事,这是一年前我听一位老师讲的他自己经历的一件事,这件事给我的印象极为深刻。

20世纪90年代,我作为年轻设计师拿到了人生中第一个国际大奖——德国红点设计奖。此处应该有掌声,哈哈哈。这个奖肯定得领啊,但是问题来了——去柏林我不会说外语怎么办。这时候站起来一个平时默默无闻、老实巴交的员工:"我会说!"什么叫天助我也?我当时就这种心情。后来我就带上他一块出发了。

下了飞机我那同事找人问路,我远远看着怎么手舞足蹈的，寻思可能是外语太好了，连老外说话的神态和手势都学会了，内心又多了一层敬佩。可是等了半天同事回来了，说问不到路，人家看不懂手语。我说你不是会英文吗？他这时才承认之前是吹牛的，就是想跟我出国来看看外面的世界。虽然我有心一脚把他踹到莱茵河底喂鱼，但是想想德国法律，还是压制了怒火，只能自认倒霉。接下来两个文盲加哑巴就在这座陌生的城市上演了《流浪德国》大型徒步纪录片，直到深夜才找到旅馆。

因为离领奖还有那么几天时间，我俩闲来无事商量着到柏林周边旅游一下。两眼一抹黑就上了公交，一抬眼看到了一个女孩——挺清秀那么一姑娘。我觉得可能是中国人。上前一问，果然是北大的交换生。正所谓老乡见老乡，两眼直放光。本来人在异乡偶遇老乡就很难得，女孩还那么好看，人又随和，结果就结伴旅行了一整天。

快乐的时光总是短暂，分别的时刻来临，我强行压制住对这个女孩的强烈好感，内心不断拷问自己，如果现在打电话跟老婆离婚，我会遭遇怎样惨绝人寰的酷刑？还好，最后我还是在理性的帮助下把爱藏在心底，和她告别。

平静的日子又过了两年，原以为这个姑娘跟我已经成为永远没有交集的平行线。这天我一进办公室就看到了桌上的结婚请柬，打开一看，我愤怒地冲进隔壁办公室，大吼我那个同事："你是什么时候和她好上的？！"

当老师表演自己挥舞着请柬冲着同事咆哮的时候，所有听众都笑疯了。没有任何人预料到他的这个同事竟然是新郎！而且老师悲愤的表情实在是太可笑了，而我们只要一想到他竟然被同一个人坑了两回，简直就要笑背过气去了。

讲这个故事的老师是误导高手，他在前面建立自己志得意满的老板人设，同时故意强调同事"默默无闻，老实巴交"，当扮猪吃老虎的故事出来后，听众自然十分意外。

同时，这位老师还是制造观众优越感的高手，你可以细数一下他这一路经历了多少打击：不仅被信任的员工欺骗，还不得不深夜在两眼一抹黑的柏林徒步找旅馆；好不容易有一段美好的异乡情，却要痛斩情缘；好不容易才忘怀，结果发现好白菜被猪拱了，而且坏事的居然还是同一头"猪"。

另外，这个短短的故事中也充满了各种丰富的情绪：年轻有为的志得意满、异国旅行的焦虑不安、对同事绝对的信任和感激、发现被骗后的悲愤、深夜在柏林街头乱转的可怜、遇到美丽女孩的惊喜、想爱但因为有家室的胆怯和心乱如满、必须斩断情缘的沮丧、挥手告别的惆怅和伤心、发现秘密恋情的愤怒和尴尬。

如果你还记得幽默需要负面情绪,那这里的情绪多得都要溢出来了,观众一直在一列高速运行的情绪过山车上,被强烈吸引。

我看过一句话,说得特别有道理:"好故事需要展现脆弱、呈现尴尬、敢于言败。"我们讲过,喜剧是研究失败和失败者的艺术。幽默的故事,不仅仅给观众优越感,那些脆弱、尴尬、失败的时刻还能让观众看到主角的人性,与他产生深层链接。

展现脆弱讲的是要真实呈现自己的感受和想法,让观众开始跟你链接,跟你共情;呈现尴尬,讲的是要有能让观众辨识出来的熟悉的人生情境,让观众因为熟悉感和优越感发笑;敢于言败是要给观众更大的安全感和优越感。

好,相信你看到这儿,已经了解什么是幽默故事的素材了。要想幽默地讲故事,你需要先找准故事的素材。那些悲情的事儿、窘迫的事儿、你想想就觉得羞耻的事儿,正是绝佳的喜剧素材。

需要特别注意的是,在你讲述悲情的事儿时,不能用悲天悯人或者感慨人生的口气,否则会使气氛沉重起来,听完听众都不知道该怎么安慰你。

这里我跟你分享一个公式:喜剧 = 悲剧 + 时间。也就是说,当时间流逝,往日的悲痛你已经不再放在心上了,你才能拿出来讲述。

所以正确的做法应该是:你仍用第一人称叙述,但是你用一个旁观者看笑话的立场说出来。这样才不会显得你的惨是真的惨,而是已经变成了一个笑料。

你仍然可以保留你的真情实感,但是应该用一种晒悲情甚至是比悲情的心态,把自己遭遇的苦难用一种轻描淡写、自我嘲讽又乐观积极的口吻叙述出来,甚至最后还不忘感恩一下在这段逆境中遇到的人或者事。这样不但能让人觉得你是一个真挚可爱的人,还显得你既宽容又有智慧,已经把灰暗的往事抛在了脑后且充满自信。这对提升你的个人品牌有相当积极的作用。

我想请你根据下面的清单试着讲一下自己的悲惨经历。只要你讲这些经历,哪怕你不会任何段子技巧,只是真实表达自己的感受,已经足以动人。为了给听众丰富的情绪体验,你必须记住自己在每个时刻是怎么感受的,讲出自己的真实感受。最重要的是,记得嘲笑自己!

故事素材清单

☐ 什么时候你第一次经历心碎?
☐ 什么是发生在你身上的最羞辱的事情?
☐ 你人生最大的失败是什么?
☐ 你做过的最糟糕的一份工作是什么?
☐ 你经历过的最挑战的事情是什么?
☐ 你学到的最重要的教训是什么?

万万没想到：
反转是引人入胜的王道

反转思维

平淡无惊　　　寻找"奇葩"解决方案　　　瀑水炸弹收尾

一波三折

　　如果说幽默是制造意料之外的效果，那么反转就属于意料之外。在推动故事向前发展的过程中，你需要不断提供反转的元素进行推进。反转在故事中呈现幽默的使用非常多，通过故事的起承转合,让读者或者听众产生坐过山车的感觉,使故事更加引人入胜。这一节我就给大家解读一下,怎样在故事中应用反转思维。

故事最忌波澜不惊

我的同事郭敏讲过她的一个故事:

作为一个学渣,我想跟大家科普一件事:我们也是人。以前我跟一个学霸住一个宿舍,她从来不自己买早餐,总是让我帮忙带,她去背单词。是不是很有时间观念?

有天早上我实在烦了,就赖在床上说:"哎呀,胃不舒服,今天没什么食欲。"不幸的是,此时我的肚子开始乱响。她说:"你这不是胃不好,是饿了,要不我帮你买点吃的吧?"我受宠若惊地说:"不用了,我自己去吧。""也行,那你帮我带一份。"

给我气的呀,我不是祖国的花朵吗,凭什么我天天给你施肥?我决定定个凌晨四点的闹钟。

闹钟响了,但是我没醒,她醒了。她背了两个小时的英语单词,然后温柔地叫醒我让我去买早餐。

我就不信了!隔天我又定了四点的闹钟,这次我戴上了耳机，还把铃声换成了《忐忑》。

果然，第二天龚琳娜刚发出第一个"咿呀"我就醒了。我精神抖擞地走出宿舍楼，看到了兰州凌晨四点的白月亮。我激动地想着：今天终于不用带早餐了！

我站在冰天雪地里，瑟瑟发抖地等了一个小时，终于，食堂门口的大爷看不下去了，轻轻拍了拍我的肩膀说："孩子，今天周六，食堂不开门。"

这个故事虽然讲的是女孩间的平凡小事，但是它很吸引人，因为它有三个反转：第一，想装病不带早餐却没有得逞；第二，定了闹钟也逃避不了帮带早餐的命运；第三，终于不用带早餐了，却白白冻了一个小时。

故事最忌讳的是情节波澜不惊，读起来就像白开水一样，毫无生气。只要故事情节一直不可预测，就能牢牢抓住听众的心。不知道你有没有注意到，《西游记》里的三调芭蕉扇、三打白骨精，《三国演义》里的三顾茅庐、三气周瑜，《水浒传》里的三打祝家庄等，故事情节都一波三折，都是为了情节的不可预测，让人印象深刻。一波三折能让情节保持足够的变化和趣味性，但是想要听众笑出声来，你需要"万万没想到"。什么是"万万没想到"呢？"万万没想到"就是情节的大反转，反转带来故事方向的巨大改变。

寻找奇葩解决方案

你可能会问:"我知道要反转,可是我实在想不出来怎么反转,怎么办呢?"我给你一个练习,叫"寻找奇葩解决方案",帮助你锻炼自己的反转思维。

有个人对朋友说:"我是一位起床困难户,如果起床时没有找到足够的动力,我是起不来的。"

朋友便问:"那你是怎么找到起床动力的呢?"

这个人回答:"我每天早上起床都要看一遍福布斯富豪榜,如果上面没有我的名字,我就起床去上班。"

我们把这个小故事分解一下:

目标:早起

障碍:没有动力

奇葩解决方案:看福布斯富豪榜

解决一个问题一般来说有多种方法,就像一个人要游到河对岸,可以选择仰泳、自由泳或者蛙泳,也可以被别人抱着游过去。相较于其他的游泳方式,显然"由别人抱着游过去"这个方式会使人发笑，因为它有点让人意想不到。所以为了让人感到意外，通过意外获得幽默感，从而达到使人发笑的目的，这个解决方案就要足够"奇葩"。

我再给你几个案例：

- 目标：怎样才能减轻体重？
- 奇葩解决方案：截肢。

- 目标：遇见渣男怎么办？
- 奇葩解决方案：把他的渣吃了。

- 目标：疏于管理身材怎么办？
- 奇葩解决方案：谈恋爱。

奇葩解决方案也可以说就是一个反转，通过反转来达到幽默的目的。为了成功减肥，我们当然不可能真的去截肢，只是在讲故事时你可以用这一个奇葩的方法，因为它令人震惊，所以产生了幽默感。

"奇葩解决方案"重点在"奇葩"二字。解决方案一定要达到荒诞甚至令人震惊的奇葩程度，才能产生幽默感。相信大家都很喜欢网络上流行的各种"神回复"，有一些"神回复"就为问题找到了奇葩的解决办法。

> 问：如何才能走出人生的阴霾？
> 神回复：多走几步。

> 问：去哪里找最漂亮的中国姑娘？
> 神回复：朋友圈里。

> 问：怎么给自己设计高大上的墓志铭？
> 神回复：没什么事我就先挂了。

> 问：如何回复别人嘲笑我一个人出来逛街？
> 神回复：半个人我怕吓着你啊。

你看，"神回复"的诀窍是要放下执念，不要真的试图解决提问者的问题。上面几个"神回复"能解决问题固然很好，解决不了，能让大家哈哈一乐也是很好的。生活中本来很多问题就无解，有些问题提得还很无厘头。不要有那么多原则问题，你就可以变轻松。

解决问题不是幽默的职责，所以能不能解决问题就顺其自然吧。不要对自己太严厉，放轻松，你可以更好地搞笑。

深水炸弹收尾

反转在幽默故事中应用非常多,因为反转本质上就是一种意外,而意外感是产生笑的主要原因之一。所以在故事当中,需要不断提供反转的情节或元素来让观众一次次地打破预期,产生好笑的感觉。一般来说,想让故事有幽默感,至少结局要给一个反转。

"我今天很难过。"一见面我就对朋友说道。

朋友很同情:"天哪,可怜的,你遭遇了什么?"

我:"我好不容易养大的兔子离家出走了。"

朋友:"找找看,也许能找回来呢。"

我:"找了,找到了,但回不来了。"

朋友:"发生什么了吗?"

我:"我在我邻居家的餐桌上找到了,他们正要开始享用。"

朋友:"太可恶了,你怎么处理的?"

我:"哦,为了不便宜他们,我把餐盘搬到了自己面前,独自把它吃了个精光。"

幽默故事其实是个大的段子结构,也遵循"铺垫+笑点"的基本公式。比如上面的故事,用失去宠物的伤心做误导,但是结局是自己吃了宠物,这种矛盾感产生了意外,意外产生了幽默感。我再给你讲一个故事,让你感受一下结局反转的重要性。

> 一个男人得了重病,他带着氧气面罩躺在病床上。突然男人开始抽搐,面色苍白,嘴角蠕动着。围在他旁边的亲属忙弯下腰问他是否想说些什么,男人肯定地点点头。众人便递给他笔和本子,让他把想说的写下来。男人挣扎着写了几个字,然后就去世了。众人很悲痛,为他做最后的祷告,然后将字条交给他的遗孀。遗孀含泪打开字条,读道:"快走开,你们踩到了我的氧气管。"

给故事设计一个出人意料的结局,利用意外的感觉来制造幽默。就像上面那个小故事中,病人留下字条去世了,我们很好奇字条里会写什么,大多数人都会猜测他写的是对自己的亲人说的话,但最后的结果却让所有人大跌眼镜,幽默便由此产生。

想要给人留下幽默的印象,不一定从头到尾每一秒都在努力搞笑,如果你能在故事的最后扔下一个幽默的深水炸弹,也能给人留下幽默的感觉。网上的很多故事就有这种结尾,比如:

> 有三个男孩同时爱上了一个女孩,女孩让他们先去周游世界,回来她再做选择。

幽默感

> 第一个人去了非洲、美国和澳大利亚，第二个人去了欧洲，第三个人没有去任何地方，他绕着女孩走了一圈，对女孩说："你就是我的全世界！"
>
> 女孩被这句话感动得流下了眼泪。
>
> 最后，她选择了最富有的那个男孩作为终身伴侣。

大家很熟悉的"万万没想到"，就是幽默故事的结尾方法。结尾一定要花点精力设计一个大的反转。这个反转可能是个"笑点重提"技巧，用一个观众已知但早已忽略的元素，比如我老师的那个故事，没想到他的爱情故事竟然跟那个同事也有关系。

反转也可能是解释一个秘密，还可能是主人公的一个巨大的损失。总之一个故事就像一个拼图游戏，当最后一块拼图完成的时候要扭转故事，原来我们一直以为拼的是独角兽，其实拼的是河马啊！

下面是我收集的一些新闻头条，每条都是一个反转，如果你只看前半句，很难猜出结局是什么。由此可见，故事的发展和走向，不能让观众预料到。

- 美国男子沉迷中国网络小说，成功戒掉毒瘾
- 错把猴屁股当红灯，贵州女司机分神致两车追尾
- 男子点1只鸡吃出10个鸡爪，进厨房发现鸡还活着

- 杭州男子溜进派出所内偷马桶，称最危险的地方也最安全
- 泰国毒贩逼两只鸡吞1400粒冰毒，警方令其向鸡道歉
- 小猪幸运从火场获救，半年后被做成香肠送给消防员
- 男子抢劫1元硬币买大白兔奶糖，获刑4年被罚1000元
- 只因不愿和熟人打招呼，西班牙女子装瞎28年
- 为让儿子学会独立生活，父亲主动盗窃去坐牢
- 高三女孩不来例假去医院检查，发现自己是男的
- 毒贩老大被判死刑，五个小弟混进庭审现场送行齐被抓
- 女子不吃晚饭天天锻炼一斤没瘦，借酒消愁醉倒路边
- 东北小伙骑车回家过年，一个月后发现骑反了方向
- "扇扇除霾"专利初审通过，1500万人同时持雾霾扇就能把雾霾吹出北京
- 湖南女子微信发布谣言"政府发老婆"被拘，民警：真有人去领
- 阿塞拜疆总统阿利耶夫任命自己的妻子阿利耶娃为副总统
- 粗心丈夫将妻子忘在服务区，妻子不知丈夫手机号

幽默感

学会跳进跳出，
三个视点让平淡的故事变精彩

怎样才能幽默地讲故事？讲什么和怎么讲都很关键。我们在前一节讲了"讲什么"，就是要选择"惨"的故事，情节要充满惊奇元素和反转，笑点要有设计。这一节我们讲"怎么讲"。

脱口秀演员在讲故事时有一个核心秘密，叫视角转换。

在一个故事中，其实可以有三个视角。第一个视角叫叙述者视角，就是你作为第三者把故事讲出来。比如下面这个小故事，就是从叙述者视角来讲述的。

> 我在动车上遇到一个人喋喋不休地说他会算命，还想给我算命。我说你这么会算，怎么算不出来我不愿意让你算命？

第二个视角叫"我"视角。就是你在讲到自己的所思所想的时候，不要以第三者的视角讲这个所思所想，而要以第一人称把这个所思所想表演出来。比如上面这个故事，加入"我"视角就变为：

> 叙述者视角：我在动车上遇到一个人喋喋不休地说他会算命，还想给我算命。
>
> "我"视角："你这么会算，怎么算不出来我不愿意让你算命？"

你发现了吗？当你从叙述者视角转换成"我"视角之后，观众很容易被你带到你所描述的场景，更强烈地感受到当事人的情绪，所以虽然你一个字也没有改，但是你讲的故事变得好笑了！

第三个视角叫"他"视角。就是在你的故事中，可以找出事件的另一方，你需要把他的所思所想也演出来。还是上面的故事，我们看一下加入"他"视角之后：

> 叙述者视角：我在动车上遇到一个人喋喋不休地说他会算命。
>
> 他："哎，我算得可准了。我给你算个命呗。"
>
> 我："你这么会算，怎么算不出来我不愿意让你算命？"

你看，在加入"他"视角之后，听众是不是更有参与感了。如果你能在你的故事中，把所有角色都淋漓尽致地表演出来，你就可以生动再现事件的场景，让观众在复杂的故事中跟随你，让你的故事更吸引人、更好笑。

三个视角的转换，我们也叫"跳进跳出"。叙述者视角是跳出事件陈述，有助于我们建立与观众的对话感，帮助听者快速、轻易地建构起场景，把事情讲得明白透彻。而"我"视角和"他"视角则是跳进角色表演，更容易带动听讲者的情绪，让听众产生身临其境的感觉，听得津津有味。

叙述者视角相当于"线"，而两个角色视角相当于"点"，这样听者的故事体验才会很丰富。

三个视角可以交叉进行，有各种排列组合。比如在刚才的故事结束之后，你仍然可以灵活切换回到叙述者视角，或者再次使用"我"视角和"他"视角。

> 叙述者视角：我在动车上被一个人喋喋不休的人吵醒，他非说他会算命。
>
> 他："哎，我算得可准了。我给你算个命呗。"
>
> 我："你这么会算，怎么算不出来我不愿意让你算命？"
>
> 他："我算出来了呀，我算出来你不愿意，但我还算出来你非常后悔。"

叙述者视角：我心想反正也无聊，就让他尴尬一下吧。

我："那你说你算出什么来了？"

他："你是不是要在安阳站下？"

我："这有什么了不起的，车上一大半都去安阳。你还算出什么来了？"

他："我算出你已经睡过两站了。"

把你的情绪加到故事里

好故事不只是写出来的,更是讲出来的,要把一个故事讲好讲活,讲得生动有趣能打动人,就需要讲述者把自己的情绪加入故事中,让自己成为故事的一部分。听众对此的感觉就是,你在讲自己的故事,讲自己的挫折、沮丧和无奈,这样你的故事才能引起听众的共鸣,才能感染别人。

幽默就是讲"自己的故事"

幽默就是讲自己的故事,这个"自己"不一定是真正意义上的你,而是把你的情绪带入进去,这个情绪最好是负面的。通过负面的情绪表达,把听众带入你的故事中,让别人身临其境,感觉你在讲述自己的故事。当然你也可以隔岸观火,吐槽别人。但是或多或少,你需要调动自己的情绪,一般是愤怒或者困惑,来达到搞笑的目的。

> 我小时候比较淘,所以经常挨揍。有一次我当着邻居的面,嘲笑他家小孩腿短,给我妈气坏了,邻居刚走她就抄起棍子打我,把我打哭了。但是她没有停手,继续打,半个小时后她也哭了。我们俩抱头痛哭的场面,就好像在上演一场母子情深的大戏。我一直以为我妈哭是因为后悔,对我怀有内疚之情。直到我有了孩子,并且抄起棍子打他的那一天,我才突然顿悟:我妈哭不是因为内疚,是棍子震得手疼啊!

态度和情绪能够为笑话带来能量和方向,通过把讲述者的情绪加入故事中,这个故事才生动鲜活起来,才能产生感染力,具有影响和感染别人的力量。

这些段子,听起来都是带着情绪在讲述自己的故事,而且这些情绪是通过一种略带调侃的态度讲出来,让听众感觉很好笑,又有一种强烈的共鸣。

其实,不只是讲笑话,即使是创作,也要跟态度和情绪联系起来,因为没有态度和情绪的笑话听起来太书面化,可能会幽默,但绝对不会有趣到让人捧腹大笑。态度如同调味剂,没有态度,写出来的笑话只能是一个有趣的想法,需要态度作为调味剂来腌制这些原始的素材。

幽默的人自带玩耍态度

不知道你有没有注意到这样一个现象，幽默的人本身自带情绪和态度，比如我们耳熟能详的郭德纲、沈腾等，这些人说话时，大多会带点儿调侃、嘲弄、讥讽的态度，或是故作轻描淡写，或是幽默地自贬，甚至有时装疯卖傻。一样的话题，一样的事情，经过他们的渲染，会变得更好笑、更有意思、更吸引人。

你也许觉得这些人都是幽默大师，天生就有幽默感，自己只能羡慕却无法企及。其实，只要你能够在生活中，经常在语言、故事中加入自己的态度，通过刻意练习，慢慢地你体内的幽默细胞就会增加，玩耍态度也会成为你的一部分。我给大家几个比较常用的幽默态度，你可以练习一下。

"难、怪、蠢、怕"，这几个字是脱口秀演员常用的借以取得爆笑效果的工具。就是说，脱口秀演员在看到一个话题的时候，倾向于用这些态度，去找这个话题的讲述思路，形成段子或者故事。

当你想到一个词或有一个想法时，你分别用这几种态度演绎出来后，你会发现每一个话题都因为态度的加入而有了不同的趣味。加入态度，想法就有了能量。

当然，如果你能够不把带有态度的字眼说出来，而是通过语气或语言表达出来更好。比起"小王,你怎么回事儿,这么长时间了还犯这种低级的错误!",不如把对小王不满的情绪收起来,换成"小王,这件事这样做(具体做法)会更好"。

生活并不总是需要严肃

幽默大师们之所以自带幽默态度,是因为他们在心理上没有拘束自己,而是给严肃的生活加上了一些轻松和调侃。

> 有一次我看访谈节目,有人问传奇喜剧编剧拉里·吉尔巴特(其作品有《陆军野战医院》《窈窕淑男》):"写喜剧到底有多少种规则?"他沉思了一会,说:"55种。"停顿了一会,他接着说:"可惜的是没人知道它们是什么。"

我当时看到这儿的时候觉得非常自责,作为方法派的拥趸,这个笑话我就说不出来。说不出来并不是因为想不到,而是我对创作喜剧这件事情太严肃了。我真实的心理其实是:你看,我多么专业。有了这样的心理,就把自己架了起来,就很难搞笑了。

所以,生活中并不总是严肃严谨,偶尔脱离严肃的日常,带一点玩耍的心态,花一点时间玩耍,往往更能表现出你的幽默感。

什么叫脱离严肃的日常?就是你不能把很多事情看得特别神

圣和严肃。如果你对一件事情特别认真,把它看得特别神圣和严肃,就很难幽默起来。来看下面这段话:

> 那种将手放在左胸,激情四溢,敲击着《圣经》庄严发誓的场面,会被大多数美国政客所青睐并且使用,但在英国,这一招恐怕连一张选票都拉不来……全英国的电视观众都会用一种手势,拇指向下,意思是"恶心死了,我要吐了"。你很少看到英国的奥斯卡大奖得主做这种把心掏出来的激情表演,他们的演说大多比较短,比较庄重,或者带点儿自嘲式的幽默。任何英国演员,若敢于打破这些不成文的规则,那他一定会被讥笑,并被斥为"装腔作势"。
>
> ——凯特·福克斯,《英国人的言行潜规则》

你看,英国人很懂幽默。

再举个例子。很多人都碰到过这样的情况,客户买东西的时候会说"你们这价格太贵了,便宜点吧!"遇到这样的情况,如果非常严肃地说:"我们已经给到很低的价格了,没有办法再低了!"这样双方可能就会陷入僵持状态。我有个客户也碰到过这样的情况,看他怎么说:

"你们这价格太贵了,便宜点吧!"

"便宜可以，便宜一块钱你也不干啊！"

然后大家就都笑起来，气氛也随之进入一种很轻松、很融洽的状态。当然，问题还是要解决，不然你再幽默也没有用。但是，你一个轻松的玩笑，至少让在谈判桌上彼此剑拔弩张的双方进入一个轻松友好的氛围，接下来的谈判也会融洽得多。

把一件严肃的事情，用不是那么严肃的口吻说出来，在谈判中应用这样的技巧，会让你显得更轻松，更淡然。生活中的其他事情也是一样，生活并不总是需要严肃，把心态放轻松，你会更容易跳出来看待事情，所有的事情也会变得轻松有趣，幽默也就由此产生。

幽默就是讲自己的故事，把你的情绪加入故事中，去感染别人，引起共鸣。幽默也是把你的生活变成故事，带着调侃、嘲讽的态度，看待生活中严肃的事情，你的生活故事也会变得轻松快乐。而你，也成了一个幽默的人。

本章小结

在这一章，我给大家介绍了怎样幽默地讲好故事的四个核心技巧：

1. 要讲自己悲情的故事。

2. 故事要有反转才能引人入胜，让别人"万万没想到"，幽默就产生了。

3. 跳进跳出，从不同的视角讲故事，可以让平淡的故事更精彩。

4. 把你的情绪加到故事里，让别人感觉你是在讲自己的故事，这样的故事才有感染力和影响力，也才可能幽默。

练习作业

请你重讲一下自己的悲情故事。要求:
1. 要从本章第一节的失败经历清单中寻找素材。
2. 要有至少一个反转,不要让听众猜到接下来发生了什么。
3. 要告诉大家你的真实感受。
4. 要找到两个立场对立的人物,使用三个视角,"演"出你的故事。

9 幽默的雷区

幽默能让人发笑,还能引人深思;能化解尴尬,还能调剂关系。但是,不是所有的幽默都引人发笑,不是所有的笑话都受欢迎。为了幽默而强行幽默,不仅不能达到幽默应有的效果,还会贻笑大方,让人感觉不舒服。所以,在练习幽默的时候,要注意幽默的"雷区",我称之为幽默的"七宗罪"。

老梗重提，讲别人的段子

"同样一句话，第一个说的是天才，第二个说的是庸才，第三个说的就只能是蠢材了。"老梗重提，讲别人的段子，给别人的印象就是这样。有些人喜欢当段子搬运工，为了显示自己的幽默，在任何场合都反复讲一些陈旧的老段子，结果常常是自己讲得很兴奋，听众却味同嚼蜡，毫无反应，让人很是尴尬。造成这个局面的原因有这样几个方面：

语境不适合，听起来感觉突兀

段子都是有语境的，背别人的段子时，你的语境跟段子原作者的语境不一定相同，你硬要跳出语境说"面试官，你先听我讲个笑话"，对方会感觉很突兀，觉得你莫名其妙。

幽默其实是一种说者和听者的互动，是真实情景下的交流，不是拿来秀智商的。你背了一大堆段子，拿出来跟别人讲，希望别人夸你幽默，但其实根本没有实现交流，对方当然只好敷衍一笑了。

对方听过，知道笑点在哪里

网上的段子，对方可能也听过；如果听过，碍于面子，别人得忍着听你从前面冗长的铺垫讲起，这显然是一种折磨。如果碰到性子比较急的人，可能会直接把笑点说出来，让你下不来台。

段子油腻没品位

网上有些段子很油腻，品位不高。如果你把这些段子背下来讲给别人听，很可能会拉低你的人设。本来讲段子的目的是想显示你的聪明，可这样一来，不但不能显示你的聪明，反而会让你看起来很没品位。

没有真情实感、不真实

幽默的核心是情感真实，如果背别人的段子，连自己都无法打动，更不能指望别人捕捉到你的幽默点。

幽默其实体现的是你即时即刻针对具体的人和事件的反应，是你的世界观的综合体现。

原创的段子有你的世界观，有你的精神状态和你看问题的独特视角。这样的段子因为传递着你的真情实感，所以，听的人才能感受到其中的幽默。

容易变懒

你习惯了搬运段子之后，还容易滋生懒惰的思维，不愿意动脑筋去制造属于自己的笑点，幽默思维会因此停滞不前，更难写出自己的段子了。

提升听众预期

有些人在讲段子之前,喜欢提前兴致勃勃地告诉对方:"我给你讲个笑话。"他们原本是希望通过这样的方式引起别人的注意,造成万众瞩目、平地惊雷的爆笑效果。但这样做的结果常常适得其反,因为有了过高的预期,再抖包袱的时候,听众就没有了感觉。我来具体分析一下。

提升预期会让听者做好准备,让笑话的效果大打折扣

让听者猝不及防,才能产生意外感,幽默的效果才能出来。如果你提前宣布这是个笑话,那么听者在心里提前就做好了准备,等待笑点的到来,真到包袱抖出来的时候,反而感觉不到那么好笑了。尤其是有的人在快要甩包袱时,声音还会变得特别大,特别浮夸,简直就是敲锣打鼓地宣布:"包袱就要来啦!"这样一来,原本好笑的段子也会变得没劲了。

9　幽默的雷区

有一次，我去外地开会，当地招待的一位领导听说我是研究幽默的，立马来了精神。领导说："李老师是北京来的喜剧专家，我也非常喜欢讲笑话，今天我就在李老师面前献个丑！"

领导清了清嗓子，开始了："大头生活在北方，家里很穷，没吃过螃蟹。有一天，大头家里来了一位贵客，为了显示自己有钱，他决定去买螃蟹。"领导着重把螃蟹两个字加了重音，显然，这个笑话跟螃蟹有关。"你知道他到市场要买什么样的螃蟹吗？"说到这里，他突然提高了音量，带着夸张的表情问。

陪同1："不知道。"

领导又表情神秘地转向另外一个人，"你知道吗？"

陪同2："不知道！是什么样的？"

看来周围的人都知道领导的风格，很配合领导，我也笑着摇摇头。

"老板，你这儿的螃蟹怎么都是这个颜色，我想要红的。"说到这，他自己先哈哈大笑起来，然后还不忘转身四下张望："是不是很好笑？哈哈哈！李老师，我讲的这个笑话怎么样？"

说实话，买红色的螃蟹的确是一个笑点，但因为他之前反复强调，已经让人猜到了，所以当他把包袱抖出来的时候，听的人已经没有了惊喜的感觉。周围人给他的回应，只是为了照顾他的面子而已。

正所谓，希望越大，失望越大，过分的渲染会让别人不仅有了准备，还提高了预期，到段子真正说出来的时候，效果会大打折扣。

容易引发大家的抵触心理

提前宣布"我听了个段子，特别好笑，没见过这么好笑的"，还很容易让别人产生抵触心理，导致听众接下来会带着挑剔的心理去听。

讲笑话切忌高能预警。你一本正经地说，听的人也跟着你的表情和思路一本正经地听，突然之间，你扔出来一个包袱，在那里炸响，听的人在反应过来之后自然会哈哈大笑。这才是幽默需要达到的效果。

所以，如果你想讲笑话，应该在抖包袱之前压一压节奏，把氛围弄得紧张甚至低沉一些。比如"我最近碰到了一件非常苦恼的事情"，或者"今天有件事让我很困惑"等等，就在大家都等着听你述说苦恼和困惑的时候，你却讲出来一件非常可笑的事儿。人们在惊喜之余，自然会笑出来。这才是一个正确的讲笑话

9 幽默的雷区

的方式。比如：

> 哎呀，女孩可不敢大晚上的一个人回家。那天晚上，我在小巷里走，发现后面竟然有个人跟着我。我快，他也快，我慢，他也慢，后来越来越近，都快吓死我了。最后他一个箭步蹿到我身前挡住了去路，一下拉开了衣服拉链，对我说："小姐，要碟不？"

看这个故事的时候，你是不是一直跟着情节心情紧张，担心后面会发生什么不好的事情。当看到最后"小姐，要碟不？"的时候，紧张的情绪在那一瞬间突然释放，包袱抖响了！

幽默感

画蛇添足，
踩在自己的笑点上

包袱应该在你讲的笑话的最后才出现，而且出现得越靠后越好笑。但有些人喜欢在讲完笑话之后，再补充几句，给别人解释一下笑话的笑点。其实，这个做法是多余的，是画蛇添足。先来看一个例子：

> 这道题太简单了，我用脚都能算出来。
> 你是想说你足智多谋，对吧？足就是脚的意思。

这里的笑点是"足智多谋"，后面的"对吧，足就是脚的意思"就是画蛇添足。

讲完笑点后还要加几句话，是因为对包袱没有信心，尤其是那种短小精悍的脆包袱，想着把包袱解释一下对方就笑了。其实，你去解释，等于自己踩到自己的笑点，听众听完反而不感觉好笑了。

包袱没响原因有很多，比如跟前面的铺垫有关系——铺垫可能太长太啰唆了，或者干脆没讲明白；或者跟你抖包袱的时机有关系，你的包袱抖的不是时候，听众就不能感受到笑点所在；再或者，你的笑话本身就不好笑；也可能是你选的听众对象不对，别人根本听不懂你的笑话。

正确的做法是：抛出包袱后，静静地等着对方笑。如果对方没笑，你就让自己尴尬一秒，说句"好冷"就完事，千万不要画蛇添足，多做解释。

幽默感

不注意幽默的底线

弗洛伊德认为，幽默是以社会允许的方式表达被压抑的思想。所以，幽默的段子经常会夹杂一些离经叛道的思想，甚至低俗的元素，以产生语不惊人死不休的效果。但是，幽默不应该无原则、随意挑战人们的底线，因为一旦过界就容易伤害到听众的感情，让讲述者显得很低俗。幽默冲击到底线，大体有这样几种情况：不雅，伤害，不合时宜。

不　雅

我常用这个比喻：幽默就像女生的超短裙，越短越刺激；但是短到走光，露出底裤就不好了。

幽默有一条底线，你的笑点离那条线越近，听的人就会越紧张。理想状态是包袱在触线前1毫米躲开，讲者毫发无伤，而听者感觉到的宣泄感越强烈，紧张解除的那一秒产生的幽默效果越好。

但是无限接近不等于越过,擦线走火已经是极限,过了线就是不雅。尤其在听众有女性的情况下,笑话讲得看似大胆刺激,实际上却只是在哗众取宠,冒犯了别人还不自知。

伤　害

有些人讲笑话,喜欢用对方真正的痛点取乐,这一点也触碰了幽默的底线。我们所讲的冒犯,是一种假性冒犯,攻击的不能是对方无法改变的痛点,否则就会带来真正的伤害。

中国有句古话,"当着矮人不说短话",不能用对方身体的缺陷或者外貌等去制造笑点,这些都是对方最不愿意被提及,也无法改变的地方。

另外,针对某个群体的攻击,比如对地域、性别、民族、人种的歧视,不但会让听者心里不爽,甚至还可能造成肢体冲突。

特别需要注意的是,有人把贫困、灾难、伤心往事等拿出来调侃,这无异于揭听者的伤疤,带来身心的二次伤害,也是不可取的。

> 曾经有两名相声演员在相声表演中,一唱一和地说了这样的段子:"大姐远嫁唐山,二姐远嫁汶川,三姐远

嫁玉树。""三个姐姐多有造化，都是幸存者。"

很快，网上就因此展开一场对这两位相声演员的声讨。灾区的人更是表达了愤怒，认为这无异于拿民族灾难当笑谈，这是对地震遇难者的不尊重，更是对幸存者的极大伤害。

当事演员在第一时间郑重道歉，表示对于在相声表演中提及全体同胞的伤心事，是对地震遇难者的不尊重，以后一定加强自身"艺德"建设，请广大网友监督云云。

其实在喜剧中，不是不可以调侃灾难，但千万记得我们给过的公式：喜剧 = 悲剧 + 时间。只有等待社会的伤痛过去，创作者出于善意，比如为了反思，又或者为了释放社会心理压力，才可以拿这个事情开玩笑。如果把握不好，绝不要铤而走险。

场合不适宜

国人把"眼力见儿"看成一项重要的优点，作为一个情商在线的成年人，应该学会"读空气"，避免在某些敏感场合不合时宜地搞笑。举个例子，生与死虽然一直是很多段子的创作主题，但是你作为一个幽默新手，在葬礼上调侃死亡就真的是在"作死"。同样的道理，不是所有人都能接受你在婚礼上讲带有"分手""离婚"等字眼的段子,在有女性和儿童的场合也不能讲黄段子。

除此之外,观察听众的状态也是很重要的一项技能。处在愤怒之中的人很难接受幽默,有人情绪低落时只想自己安静地待着,这些时刻最好敬而远之。

如果非要在重大场合(比如公司年会、毕业演说等)讲段子,一定不要"裸考"。你可以提前在小范围内,比如在朋友或同事之间,讲一些段子进行测试,看看哪些效果比较好。把这些段子记录下来作为储备,在需要的时候讲出来,达到希望的效果。

幽默是为了更好地与人沟通,更多地为人们带来欢乐。予人伤害是违背幽默的本性的。注意幽默的底线,你可以优雅地在刀锋上起舞,而不是拔剑出鞘,打击一片。

幽默感

胡编乱造，
为了幽默而幽默

幽默是建立在真情实感的基础上，无论是写段子还是讲笑话，你的包袱要符合段子中人物的人设和场景，而不是胡编乱造，不能为搞笑而搞笑。我看过这样一个段子：

> 我问我儿子："你喜不喜欢九寨沟？"
> 我儿子说："我超喜欢了。"
> 于是，我就把儿子卖给了九寨沟当地的人贩子，这样他就可以永远留在那里了。

我看到这个段子的时候，第一感觉就是胡编乱造。因为这种情况不合常理，只是为了搞笑而搞笑，并不是真的幽默。

为了制造幽默效果，我经常会用到夸张这个手法。

> 当妈特别难。带娃 2 小时，我觉得，啊，孩子就是我的生命；带娃 5 小时，我会觉得儿孙自有儿孙命；带娃超过 10 小时，我就觉得以后孩子还是送寄宿学校好；带娃 48 小时，我就会想，人贩子怎么还不来？

我在这个段子中吐槽的时候，也提到了"人贩子"。但是，这是带娃的妈妈们在累到极点的时候的胡思乱想，只是一个想法，只是为了强调累的感受，所以虽然夸张，但是仍然保持了真实性。

那么，写段子的时候，怎样做到真实呢？真实包括两个方面：一是人物真实，二是场景真实。真实是幽默的底色，没有真实的衬托，显现不出幽默的色彩。

人物真实

人物真实，就是段子的包袱要符合人物的身份和基本情况，比如年龄、职业、性别、性格等，根据人物的身份设计，找到人物的经历、弱点、痛点，然后从弱点出发给他设置障碍，让他想办法克服这个短板来实现目标。在实现目标的过程中，人物要经过种种挣扎，可能会出现各种雷人的、搞笑的行为。这个挣扎的过程，就是人物的笑点所在。

幽默不需要你想出一些奇特的人物，不需要他有三只眼睛，不需要他长出翅膀，普通人的普通事即可。段子中的人物，要属于大众道德和价值体系能够接受的，要符合大多数人的世界观和价值观。

如果是自己，就写自己的真实情况。因为只有自己，才知道自己真正的弱点和痛点在哪里，知道从哪个地方更容易找到槽点。比如，我说过我给自己的标签中有一个是"苦逼的创业者"，我对这个标签的吐槽是：

> 我们创业公司有多简陋你知道吗？小偷去了都不知道要偷什么。找了半天发现一个箭头，上面写着：冰箱里有可乐，你冷静一下。
>
> 我们创业公司有多简陋你知道吗？小偷看了一圈没有偷的东西，临走前两手空空实在不舒服，就顺便帮我们把垃圾拎走了。
>
> 我们创业公司有多简陋你知道吗？那天进了一个小偷，把我们的优惠券拿走了，第二天还买了我们的一堂课。

我的真实情况就是一个创业者，我们公司确实规模不大。在这个真实情况的基础上，做一个适度的夸张，给出一个与常规思维不一样的结果，幽默的效果就出来了。因为有自己的真情实感在里面，就会让人感觉真实。如果我不是一个创业者，可能就不会有这样的真情实感，也很难写出这样的段子。

场景真实

在即兴喜剧演出当中，我们经常现场问观众要一个故事发生的地点，演员即兴表演。每次主持人对观众说"请给我一个地点"，都会有观众喊出："厕所！浴室！"好像只有这些禁忌的、奇怪的地方，才可能有喜感。

其实，大多数的段子反映的都是日常场景中的人际关系。比如情景喜剧大多就发生在非常平淡，甚至非常无聊的地方。有一个情景喜剧就叫《办公室》。我喜欢一句话："在极度无聊的地方，喜剧开始生长。"所以，场景不需要太刻意，多观察熟悉的情境里人们的非理性行为，这样吐槽老板、同事、家人时，听众反而容易代入。我举个例子：

> 你跟现任去吃饭，结果在饭店遇到了前任。因为饭店没有多余的餐桌，你们三人被安排到了一起拼桌。这是一个让人很尴尬的场景。这个场景本身就带有喜感，你不需要伪造什么东西，如实呈现，讲出你的真实感受已经足够好笑。

幽默本身就是生活的一部分，所以，一切幽默都来源于生活的真实场景，保持真情实感，才是幽默的正解。

把讲笑话当成个人秀

好多朋友喜欢一上台就像相声演员一样先来一段贯口：我给大家报个菜名吧，蒸羊羔、蒸熊掌、蒸鹿尾儿……他认为这一段基本功演示下来，大家一定会觉得他很厉害。真相是当你在那里兴致勃勃地"报菜名"的时候，观众对你可能已经产生了反感。

还有人为了博得大家的笑声，往往用尽浑身解数，刻意制造一些夸张的动作、搞怪的表情、另类的语言，调侃取笑别人，不顾形象地恶搞自己，让自己看起来好像很幽默。其实幽默这件事情就像追女孩，切勿用力过猛，大力出不了奇迹，反倒可能会被报警。

幽默是通过个性化的表达，让人与人之间的沟通变得更顺畅、更愉快。幽默不是个人的表演。无论你是秀财富、秀肌肉、秀优越感，还是秀嘴皮子，都会被贻笑大方的。

幽默不是哗众取宠，而是一种举重若轻的力量。幽默注重的不是你的人有趣，而是你所讲的内容有趣。所以，学习幽默，要从内容上下功夫，从技巧上找窍门。你讲什么比你怎么讲更重要。通过个人过分的刻意渲染气氛，通过闹腾让人发笑，是一种表面的、浅层的笑。幽默的目的是给听众带来深层次的链接，所以你讲的内容是否能与听众同频，引起听众心理的共鸣和触动，才是重要的。单向的灌输永远没法产生幽默感，只有与听众同频联动才是正确的方式。

讲段子时，
自己忍不住笑

现实生活中，经常有朋友在讲段子的时候，还没讲到包袱，自己就先笑得停不下来，这就导致听笑话的人根本听不清他在说什么，让人莫名其妙，面面相觑。别人听到最多的就是他的"哈哈哈"，看着他笑得停不下来，你不知道自己是该笑还是不该笑。

之所以会出现这样的情况，是因为讲笑话的人的关注点和注意力都在自己身上，只想到笑话的欢乐，完全忘记了讲这个笑话是为了娱乐他人。

用专业术语来说，讲笑话时你需要从平时你习惯的"观众状态"切换到"演员状态"。那怎么可以调整为演员状态呢？我给你一个建议：你要把注意力放在听众的反应上。你边讲边观察他们有没有听明白你的铺垫；句子有没有太长太啰唆，让人失去兴趣；你的表情是不是太平了（或者反之）；语气、语调及节奏够不够稳,有没有暴露你讲笑话的意图。总之,你需要根据观众的反应调整自己的讲述,这样你就能一直保持"表演者"的状态,最后在恰当的时候抛出你的包袱,让包袱炸响。

本章小结

1. 老梗重提,做段子搬运工,看似幽默,实则是一种懒惰的表现,给别人的感觉也是味同嚼蜡。
2. 提前跟听众打好招呼,提升观众预期,不仅让笑果大打折扣,还容易引起听众的抵触心理。
3. 包袱抖响,戛然而止,才能真正显示出幽默的效果。多说两句的解释,实属画蛇添足,反而让听众感受不到幽默。
4. 幽默就像女生的超短裙,越接近底线越刺激。但是,过了线就是不雅,甚至会造成伤害。
5. 真实是幽默的底色,没有真实的衬托,显现不出幽默的色彩。脱离真实的情景胡编乱造,只能贻笑大方。
6. 幽默不是你的人有趣,而是内容有趣。哗众取宠的个人秀不是真正的幽默。要想真正幽默,要从内容上下功夫,从技巧上找窍门。
7. 笑话是讲给别人听的,而不是自娱自乐。你在那里"哈哈哈",听众给你的只能是"呵呵呵"。从"听众的角度"转换到"演员的角度",把注意力放到听众的反应上,你的包袱才能炸响。

练习作业

想一想你在讲笑话或者学习幽默的过程中有没有踩到雷区的情况，欢迎你把自己踩雷的过程分享出来。

后 记

刻意练习，你也能成为"搞笑高手"

不知不觉，我们已经来到全书的尾声。如果说最后我只能给你留下一个建议，我会强调：在幽默这件事情上，刻意练习比天赋更重要。

没有任何一项技能，仅仅通过学习就能彻底掌握，反复练习是必经的过程，幽默也是如此。所以，在你的幽默素材已经有一定的积累和储备之后，最重要的就是要在自己的能力范围内随时随地练习。

练习幽默是一件非常需要勇气的事情。练习幽默不能闭门造车，不要期待自己一个人默默练习就能够在重要场合一鸣惊人。幽默这件事就像小孩子蹒跚学步，必须得有观众，因为好不好笑，你需要对方的反馈。既然是蹒跚学步，你就会摔很多跤，可能会摔得很难看，而且是在众目睽睽之下。但是，只有经过这些尴尬的过程之后，你才有可能真正学会幽默。

所以，尴尬与失败将会常常伴随着练习者，这是练习幽默的一部分，也是个人成长的一部分。

我知道的很多知名脱口秀演员都曾在演出现场发生演出事故，比如激怒或者冒犯观众，观众拂袖而去，但是最后他们可以越来越好地把握分寸。

下面我就讲一讲随时随地当众练习幽默的具体方法。

抓住一切可以展示自己幽默的机会进行练习

练习幽默，不应该只局限在熟悉的人身上，面对陌生人的时候，我们也可以随时练习。总之，一切可以展示自己幽默的机会都不要错过。有时候在面对陌生人的时候，我们往往会发挥得更好，因为我们会少一些顾忌，即使说错了，被人笑话了，也不会太在意。

比如，快递小哥给你送来快递，你可以用幽默的方式跟他道一声辛苦；或者，如果你能把握好分寸，善意地调侃一下也是可以的。再比如，你去餐厅用餐，在跟服务员点餐、交流的时候，可以用一下你的幽默，或者对菜品幽默地调侃一下。甚至，你可以跟自己的孩子进行一些幽默的对话或者玩一些幽默的游戏，这样既能锻炼你的幽默感,还能增进亲子关系,一举两得。总之,只要对方能够听你说,一切可以练习幽默的机会你都要用起来。

要主动给自己创造机会进行练习

除了要抓住机会进行练习以外,还要学会主动给自己创造机会练习。这可以让你得到更多的练习,还可以根据自己的情况进行详细的规划,比如从易到难,一步一步进行练习。这样,你可以更自信,也更利于你提升能力。

第一步:面对熟悉的人进行练习。

可以从身边的亲人和朋友入手,把你的幽默讲给你最熟悉的人。这样,即使讲得不好,你也不会觉得太丢人。

第二步:面对不太熟悉的人进行练习。

经过第一步的练习之后,你应该已经有了一点胆量,对幽默的技巧也熟悉了一些,这时候,就可以把练习的对象扩大到不太熟悉的人身上,比如一个小区的邻居,或者不太熟悉的同事,等等。做这个练习的时候,最好还是找一个单独的对象进行练习,这样可以让你更轻松一些,恐惧心理也会更小一些。

第三步:参加开放麦。

经过前面的两步练习,你心里的恐惧感会减轻很多,幽默的技巧和能力也会比之前有更大提高,这个时候,就可以增加练习的难度，在三五好友相聚，或者相对熟悉一些的人的小型聚会上进行练习。

虽然你的心理状态和幽默技巧都比之前有了很大的改变，但是，在小型聚会上表现自己的幽默，还是需要事先准备，预设一些场景，准备一些应景的段子。在这些场合进行练习，你可以讲一些相对长一点的段子，而且可以利用这样的场合反复多次练习，这样就可以让你的幽默技巧更加娴熟。

第四步：在演说等重大场合进行练习。

经过前面的三步练习，你的幽默技巧应该已经变得很娴熟了。但是正式的公众场合，尤其是一些重大的场合，对人的心理素质的要求是非常高的，所以这时候最大的难题或许已经不再是幽默技巧的掌握情况，而是你是否能够克服心理上的紧张感和恐惧感。

练习幽默跟游泳一样，都需要你亲自下水去实验。如果你想成为一个在任何场合都不怯场，都可以随意展现自己幽默感的人，就一定要通过练习克服自己的恐惧心理。

放轻松，幽默不是最重要的事情

幽默不是讲笑话，而是充满热情地看待生活。

在本书中，我借助职业喜剧编剧工作和日常生活中的案例，跟你分享幽默是怎样产生的。

后　记　刻意练习，你也能成为"搞笑高手"

我热爱幽默，不仅是因为我热爱看那些充满欢乐的情景喜剧和脱口秀，不仅是因为幽默帮助我在舞台上闪亮，更多的是因为幽默帮助我成为一个更好的领导者、协作者，成为一个更好的人。幽默可以帮助我在每天的日常生活中，尤其是在那些艰难、沮丧的日子里，为自己和他人点亮一盏心灯。这也一直是我最欣赏的幽默——来自真实生活情境，能使自己和他人从一个不同的视角看待生活，消除威胁与压力，重获生活的掌控感。

我建议你日行一"默"，用幽默开始影响自己和周围人的生活。我给你一个幽默的应用清单，你能做的包括但不限于这一列表。你可以：

- 给正在做的项目起个好玩的名字。
- 在头脑风暴时，给同事一个正向反馈。
- 发邮件的时候，稍微花几秒时间取个幽默的标题。
- 面对那些帮助我们的普通人——保洁阿姨、快递小哥、出租车司机，幽默地夸奖她（他）们一句。
- 每天在你的洞见本上写下一条洞见。
- 手动记下你家孩子的一句令人捧腹的话。
- 在回复微信的时候，使用一个新的表情包。
- 幽默地安慰你的家人。
- 反省自己的一个失误，自嘲一句。然后放下，继续往前走。
- 在别人对你怒目相视的时候,深呼吸,回馈他一个意想不到的幽默和善意。

我有一位朋友,她的孩子要去参加一个国际数学夏令营。主办方提出的打包要求是:请你带上计算器、笔、防蚊剂,哦,对了,还有幽默感。

在我们认识之后,我也想请你在接下来的旅程中带上你的幽默感。愿它与你不离不弃,给你带来欢笑、喜悦和幸福。

最后,我要向所有贡献了幽默的人说声谢谢,是你们把欢乐带到世界的每一个角落。在本书写作的过程中,我尽量标注了引用的来源,囿于能力和精力,如有遗漏,请随时与我联系,我会在后面的版印次中及时更新。